ONEY HAS NO SMELL

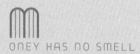

MONEY HAS NO SMELL

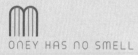

# 80%的工作其實不用做

仕事は8割捨てていい

インバスケット式

「選択と集中」の技術

鳥原隆志——著

林潔珏——譯

**前言**

# 不要把力氣花在「想像的工作」上

## 什麼都留著，就是無法提升績效的原因？

我研究的是「公事籃演練」（In-Basket）這個行動評價的工具。人們一定有行動的模式。簡單來說，我的工作就是研究能提升績效的行動模式，透過「公事籃演練」，可以告訴很難提升績效的人，若付諸什麼樣的行動就能改善這樣的情形。

不過，不是一定付諸行動就好，有些行動反而會變成妨礙，這時就必須捨棄。其中，**「捨棄」就是能夠提升績效的人所採取的行動之一**。

捨棄是一種需要勇氣的判斷，而且具有相當難度，比起要做什麼新的事情要難上一百倍。正因為如此，有很多人寧願做「不捨棄」的判斷，而肩負著幾乎無法承受的負擔，有時會因此而錯失很多重要的事。總而言之，就是「不捨棄」這個做法拖累了我們。

不管怎麼努力就是沒有好成績，拚死拚活也無法獲得好評價，這就是「不捨棄」妨礙了你想做的事。

## 八〇%的工作其實不用做

在某次的幹部訓練課程中，我請參加訓練的學員盤點他們手邊的工作。要他們將一天的工作詳細分類，結果發現最多的有八十項，最少也有四十項。

接下來，再讓他們將每項作業按照緊急度與重要度來區分，就結論來說，真正得做的工作，僅占全體的二〇%左右，也就是說，剩下的八〇%是沒有必要去花費太多心力的工作。

例如本來是下屬應該做的事情，自己卻扛起來做；或是被沒有必要的會議占去太多時間等等，很多是誤以為自己該做的事。

工作的進行方式，大致上可分成如下的類型：

- **全部一手承擔；**
- **從馬上可以處理的事著手；**
- **從眼前的事著手；**
- **從重要的事著手。**

你是什麼類型呢？

很多人會說自己是「從重要的事著手」的類型，實際上試著清點業務之後，會發現結果正好相反。也就是說，大部分的人把時間和精力花在不怎麼重要的八〇%上，但是本來應該做的那二〇%卻沒做好。

我想不論是誰，都會認為自己做的工作很重要又有意義，我自己也是。如果有人說我做的工作不重要，我不只會生氣，還會反駁回去。

但是**實際上，為了達成目標，所需的工作僅占全體的二〇%左右，剩下來的都是些不需去花費太多心力的工作，甚至捨棄也無所謂**。

「公事籃演練」的原點，就在掌握能夠獲得高績效的人所採取的行動，其中最重要的，就是**能夠取捨選擇工作**，也就是「捨棄不重要的工作」。我並不是說不重要的工作就可以不用做。

本書要傳達的是有關無法割捨工作的本質原因，也就是「覺得該做」和「必要」的分別，並衷心期盼大家都能擁有丟棄「不能捨棄」心情的勇氣。

## 是「不能捨棄」，還是「不敢捨棄」？

雖然本書會把焦點放在「不能捨棄」的原因上，但這並不是問題的本質。因為不能捨棄，所以無法集中在本來該集中的工作上，這才是本質的問題。

前些日子在會談時，有個業務想拿資料，於是開始翻公事包，看他在塞得滿滿的公事包裡翻來翻去，不禁讓我覺得，這位業務應該是個很難提升績效的人。

結果，資料沒找到就算了，還拿出一堆折得歪七扭八的其他資料。

我要求的情報不是很多，但是就他來說，因為不知到底需要什麼，為了臨時所需，結果公事包裡就塞了過多的資料。

「不能捨棄」這個做法，在以前似乎是從「很可惜」的心態衍生出來，但是現在似乎有所不同；之所以無法捨棄東西、心情或想法，是因為「畏懼捨棄」，也就是怕不敢捨棄。

捨棄需要勇氣。為了讓大家鼓起勇氣行動，本書也會**介紹捨棄的必要性和如何利用捨棄後產生的力量**。

希望本書能夠幫您卸下多餘的包袱，獲得朝向真正的目標前進所需的力量。若能藉由這本書讓您發現自己的問題並引導您付諸實際行動，更是我衷心的期盼。

## 如何做到「雖然了解卻做不到的事」

我利用「公事籃演練」為許多商務人士進行教育訓練。有關「公事籃演練」在後面會做介紹，這個教育並不是教授什麼新的知識，而是如何發揮既有的能力和技術。

明明很清楚如何把工作委派給他人及其必要性，但實際上卻自己一個人攬下來——如何讓這樣的人能夠真正將工作委派給別人，便是我的目標。

本書的目標，就是藉由實際進行「捨棄」的這個做法，將既有的技術和能力發揮到極限。

衷心希望有下述困擾的人能夠閱讀本書：

- **每天都很努力，卻得不到好評價或好績效；**
- **每天都覺得時間過得很快，卻沒辦法馬上想出做了些什麼；**
- **明明知道要改變卻改變不了；**
- **明白要做的事情卻無法馬上付諸行動。**

為了不讓大家誤解，我必須聲明這本書寫的不是「整理打掃」或是「丟東西會帶來幸福」這樣的事情。本書的目的為了讓大家能夠發揮既有的能力至極致，並將精力集中在本來該做的事情來達到成果。

在本書第一部，我將協助各位把頭腦從「不敢捨棄」切換到「能夠捨棄」；第二部中，我將透過十七個故事介紹捨棄的要點，讓大家可以套用在自己身上，減輕負擔，第三部中則會說明如何藉由「捨棄」集中在真正重要的工作上。

本書內容精簡，不論是誰都可以閱讀，如果能夠輕鬆閱讀本書，將是我最大的榮幸。

對仍難以脫離不敢「捨棄」心情的朋友，為了讓您能夠循序漸進，最初是從簡單的「捨棄」分階段進行。若有做不到的地方，跳過也無妨，不必非得全部都要做到，只要能夠發現自己必須捨棄的事物，並鼓起勇氣付諸行動即可。

希望本書能夠讓因為不敢捨棄，肩負很多包袱的你輕鬆一些。

・・・

## 第1部　你打算繼續扛下去嗎？

# 第1部：你打算繼續扛下去嗎？

01

# 如果不能「捨棄」，就無法前進

## 「擁有很多」是好事嗎？

我們很容易在不知不覺中，承擔各式各樣的東西。

我發現，一直以來，社會在無形中教我們要儲蓄，要擁有很多很多，並且要讓生活保持忙碌。

不只是從前的我，我想我碰過的大公司主管、負責人大部分也是這麼想，就連財經商管書籍的作者、講師或顧問也都認為如此。

例如，擁有很多名片的話，會感到人脈很廣、很安心；有很多工作進來的時候，會感覺被需要、有安全感；社區委員會或朋友的聚會、交流會如果有任務或職稱的話，也會感覺到自己的價值高一點。

我們是不是在無意識之間，覺得擁有很多東西、肩負很多責任，並留下很多成果是好事情？

反之，對於手上沒有東西或把東西丟掉這件事情，會感到恐懼也說不定。

## 結果全是不上不下

身為講師，在有限的時間當中，讓上課的學員有所察覺並改變行動，是我演講的目的。講多了雖然自己有成就感，但學員的滿足度和行動變革反而變少了。

雖然這是我的失誤。為什麼會有這樣的失誤？為什麼成員會因此無法更進步？我自己也針對這些問題做了分析，得到的結論是認為「講多一點是件好事」這錯誤的感情所衍生而出的失敗。

**為了想做更多的工作，結果所有的工作都做得不夠充分。**

**承擔過多周邊的諮詢或麻煩，結果自己也筋疲力盡。**

在以「判斷力」和「優先順位」為主題的演講結束後，常有這樣的諮詢。

然後也有很多朋友希望能夠取捨選擇自己擁有的東西，來減輕自己的負擔，因此來參加我的研習會。但是很遺憾的是，其中能實際減輕負擔的人只有一半。無法改變的另一半，只是自認已經做到，但行動卻一點也沒改變，或是做到「捨棄」之後，又攬在身上。

## 研習會上一定會出現的問題

因為使用的是「捨棄」這個語詞，為了避免誤會，前面已經說明本書所指的「捨棄」不是把丟了會變輕鬆當作目的，而是藉由捨棄讓力量能夠集中。

接下來，就讓我來說明「公事籃演練」的思考上，「集中」的重要性。

例如，集中在重要的工作上或是戰略性地集中資源，收集力量之後進而發揮——都將是我要說明的重點。

在「公事籃演練」的研習會上，首先我會讓學員在最初的六十分鐘處理二十個案件，令人驚訝的是，有一半以上的人能將所有的案件處理完畢。為什麼會感到驚訝？是因為就出題的人來說，設定的時間很難把二十個案件處理完。但是就處理的內容來看，因為想要全部處理，結果就會做得很不徹底，或只是形式上的處理，一點也沒有內容。總之，就是分散所有的力量，最後一事無成。

正因為如此，我才要說集中力量，將八〇％的時間投入在二〇％的工作上。

當場一定會有這樣的發問。

「老師，那剩下來的八〇％的工作怎麼辦？」

為什麼會問這個問題？我是這麼想的：「大家太努力了，所有的案件都想做到一百分。」但是這明明無法實現。

因為想全部做完，於是在不知不覺中失去了很多東西。

因為從早到晚都在工作，結果虛度真正該過的重要時間，該學的教養和文化沒時間去學，甚至有人承擔過度的工作量，結果傷了自己的心，也危害了身體的健康。

越想得到全部，反而失去越多，這在「公事籃演練」的測試也是一樣。

## 若不捨棄便無法集中

接受「公事籃演練」升格測驗的朋友或許已經察覺，因為「公事籃演練」必須在限定的時間內處理很多的案件，如果想要全部做完，那麼就沒有時間去處理真正重要的案件，結果分數反而下降。

**想要全部做完，就會變得全部都沒做好**。不知大家有沒有這樣的經驗？

實際上，成功的法則就是「選擇然後集中」，而其前提就是「捨棄」。**選擇就是捨棄，不捨棄就無法集中**。

人的處理能力有限，因此若不適當捨棄，全部都攬在身上的話，等到不知不覺超過負荷時，就會失去真正重要的東西。

好的，承擔過多東西的你，準備整理一下你攬在身上的包袱吧！

## 02 「公事籃演練」最大的重點就是「捨棄」

### 「知道」和「能夠」完全不一樣

「我知道一定要選擇取捨啦！就是知道卻做不到才傷腦筋啊！」

讀到這裡，你是不是也有這樣的心聲？

在進行更進一步的說明前，請先讓我自我介紹。

我研究的是「公事籃演練」這個教育工具。

所謂的「公事籃演練」，是一九五〇年代美國空軍開始活用的工具，據說也是終極的輸出工具。

當時美國空軍的培訓單位，對日後將赴戰場的士兵與軍官，以填鴨式教育灌輸戰爭必要的知識與技術。雖然是在全部理解之後才送出戰場，但是有很多士兵因為無法活用知識而失敗，而戰場上的失敗意味著死亡。

明明學會了所有的知識，為什麼在現場無法使用？根據美國空軍的分析，發現了一個事實，那就是「『理解』和『能夠活用』根本是兩碼事。」

因此開發出理解之後能夠實際執行，也就是能夠展現出來的工具，那便是「公事籃演練」（In Basket）。

## 將「捨棄」付諸行動的方法

「公事籃演練」目前已經被活用在很多一流企業主管、負責人的甄選考試上；我也對八千名以上的學員進行了「公事籃演練」的訓練，並看到很多人有了更好的績效與發展。這些人共通的特徵，就是能把理解的事情付諸行動。**與做不到的人相較，其分水嶺就在進行判斷後能否付諸行動**。

那麼該如何去採取行動呢？那就是在內心肯定行動的必要性，而且做出正確的判斷。

如果不知道為什麼要捨棄，那就會失去捨棄的意義和目的，便無法付諸行動。

還有即使了解這些道理，如果對自己的判斷缺乏自信，也無法行動。

雖然了解捨棄的必要性，卻無法行動，對於這樣的朋友，本書希望大家使用「公事籃演練」的思考方式，變成實際能夠做割捨判斷的人。

03

# 該怎麼做才能下決心「捨棄」？

## 「改變」的關鍵

我看到很多人在改變行動，另一方面，我也看到明明需要改變卻不行動的人。

人在改變行動時，雖然有各式各樣的因素，但有件事是無法改變的，那就是「**除了自己以外，其他事物都無法改變自己的行動**」。

換句話說，就是人在改變行動時，往往有「不改變不行」的危機感。人不會因為光是感覺到需要改變而改變，必須現實感覺到不改變將會遭受損失，或是陷入危機才會變化。

就好像抽菸的人被醫師宣告有生命危險時才真的開始戒菸；被情人宣告分手後，才開始改掉自己的壞習慣，像這樣的事情我想大家都有聽說過。

「其實不改變也沒什麼關係，雖然很清楚改變會更好一些……」

如此一來便無法改變，因為這只是願望，只是想法而已。

反之，能把「想要」變成「必要」的人就能改變。

不要認為：「捨棄的話或許會好一點，但是不捨棄也沒關係。」如果沒有體會不捨棄就會遭受很大的損失，就算是讀了這本書，了解割捨的必要性，恐怕也無法付諸行動。

為了讓知識變成行動，自己要鞭策自己才行，這時候人才會開始改變。

## 我把公司名稱取為「公事籃」的原因

在實際進行「捨棄」這個行動之前，先讓我們來談談「**不去捨棄的危機**」，而不是「捨棄的必要性」。我想具體的內容會比理論更貼切，所以我舉個例子來說明。

前些日子我常光顧的酒吧關門了，這家酒吧我光顧了好幾年，料理很美味，酒也好喝，店裡的氣氛也很棒，是一家很不錯的店。但是因為只有一個人顧店，只要有人點菜的話，老闆就得進廚房，於是吧檯就沒人招呼。

為了和附近的酒吧競爭，就硬是把料理當做賣點，但是連我都知道，客人一定會變少。

我們會想要達成、實現自己的理想，但是一個人的力量畢竟有限。這時候如果無論如何都想實現理想的話，就應該捨棄一個人奮鬥的堅持；如果真的要一個人做的話，就要減少菜單的內容，也就是說，下判斷去割捨對顧客提供的服務。

我也曾經因為把工作全攬在身上而失敗，那是剛成立現在這家公司時的事。當時我一邊當上班族，一邊提供「公事籃演練」的服務。成立公司要做很多準備，也必須進行研究和課程的規劃，因為想要製作的內容太多了，結果發現很多地方有錯誤，還得為了應付顧客而疲於奔命。

捨棄之後如果又攬更多在自己身上，依舊會分散力量，結果仍是無法集中。我的壞習慣就是什麼都想做。無法「捨棄」的我，在成立公司時下定決心，在公司名稱放進「公事籃」。要特化「公事籃演練」這個工具，就必須鞭策自己。就我的性格來說，恐怕過了一些時候，就會對其他工具產生興趣，結果公司到底專門的是什麼，就會變得很模糊，我想會有這樣的風險。

為了警惕自己不要被「公事籃演練」以外的東西分心，因此便決定了使用這個公司名稱。

# 04 規模要變得更大，就得「捨棄」一些東西

## 採用一種，刪減一種

在我剛出社會時，超市業界有「採用一種，刪減一種」這句話。這是如果陳列採用一種新的商品，就必須下架另一種商品的原則。

為什麼一定要這麼做，因為增加商品的數目會增加訂貨、補貨或維修的時間，成本就會增加；還有如果在有限的櫃子陳列過多商品，結果就會產生顧客尋找商品不方便的缺點。此外，每項商品的庫存數目減少，就很容易發生缺貨的現象，因此要遵守這個原則。

我也曾經負責過賣場，採購商品時非常快樂，想像能賣多少實在讓人興奮。當新的商品增加時，賣場也會更熱鬧。但是另一方面，讓人苦惱的決斷就是將其他的商品下架。

「說不定其他商品也賣得出去，能不能留下來啊？」想著想著，硬是挪出空間把商品擠在一起，這樣的事情我也做過。

但結果賣得好的都是擺了真正想賣商品的櫃子，也就是經過選擇取捨的櫃子。

## 如果下架的話，銷售額會減少？

在超市有所謂的「GMS業態」，也就是從生活用品、服飾，以及食品都一應俱全，就像是車站前大約有三個樓層的超市。雖然過去像這種「什麼都有」的中、大型門市成了超市的主流業態，但隨著專門店的增加，反而漸漸出現「什麼都有反而不上不下，想買的東西都沒有」的評價，很多店也因此關門大吉。

我也在這樣的門市工作過，當時公司也在討論過是否要「集中在某一項目，準備豐富齊全的商品」。假設如果要主打葡萄酒，就要做到該地區第一齊全，但是結果卻沒實現，原因就是無法「捨棄」。

**如果想要擴展什麼，就必須捨棄些什麼。**

但是在公司裡一談到捨棄，大家就大力反對。「如果捨棄的話，銷售額就會減少。」就因為無法做出捨棄的判斷，就只能維持不利的現狀，結果很快地就被其他專門店和便利商店搶走客人，最後只好關門大吉。

如果換做我們個人，也是「採用一種，刪減一種」——已經負擔很多的人，或許需要更進一步考慮是不是「採用一種，刪減二種」呢？每當採用一種新的東西時，一定要捨棄二個舊的東西。不這樣做的話，失去的東西反而會增加。

05

# 是什麼阻止你發揮能力？

## 這個想法，會讓你無法前進

我研究的「公事籃演練」，評價的是能力的**發揮度**，而不是**有沒有能力**。大部分的人都擁有很好的能力，但實際在職場上卻很難將擁有的能力完全發揮出來，我看過很多如此傷腦筋的案例。

**明明擁有決策力，一到現場卻無法判斷。**

**明明有用人的能力與知識，實際上卻不能委任他人，全由自己一人來承擔。**

這些都是無法捨棄的感情、價值觀和想法所造成的阻礙。

更具體來說，例如想要傳達決策給下屬，卻被自己必須是下屬仰慕的上司這樣的感情給阻撓，結果無法正確傳達自己的想法。還有明明知道用人的方法和重要性，卻因為執著於「所有的工作都很重要」、「不容許失敗」而導致最後仍無法委託給他人。

因此，在一天嚴格的「公事籃演練」研習當中，會發現周遭有很多事情因為受到無法捨棄的信念所阻撓，結果無法付諸行動。我會催促這樣的人做出捨棄的判斷。

有一位學員下了一個判斷，決定捨棄「所有工作都必須做到滿分」的信念，他首先捨棄了影響度較低的工作。日後，對自己為什麼要花費那麼多心力在無法提升成果的工作上，回想起來就忍不住發笑。

因為工作性質的關係，我常常會碰到講師或社會保險勞務師等被稱為「師」的人，他們「不能輸給別人」的想法非常強烈，導致無法訂正錯誤，所以也有因此失去顧客信賴的案例。他們多半還認為，所有人的諮詢都必須真摯相對，因此也有人碰到像是跟蹤狂的騷擾這類的麻煩，並影響了工作。

你是不是也有很多只要能夠捨棄就會輕鬆很多的經驗？而且其中大部分的原因不是無法行動，而是無法捨棄妨礙行動的思想和信念。

## 「庫存」就是罪惡

我在前面提到從前在超市工作時的事；超市還有個重要的語詞，那就是「罪庫」。

這是和庫存有關的語詞，意思就是負擔太多的庫存就是一種罪惡。超市會準備豐富的商品，但是進倉庫看看的話或許大家會吃驚，庫存並沒有想像的多。

那是因為除了後面倉庫的庫存外，還有陳列在賣場上的庫存。一般人會認為會很快賣完，所以庫存越多，銷售額就會提高。然而實際上，庫存容易產生更多的缺點。

首先就是沒必要的進貨得花錢，而且放在後面倉庫的期間，商品的鮮度會降低或劣化。最重要的是有存貨的話，還得花費管理的勞力。

就我的經驗來說，凡是倉庫有大量庫存的超市，賣場的管理都做不好，有些地方還會在倉庫發現過期的商品。總之，不需要的庫存會產生本來不會發生的成本和勞力損害，所以被視為罪惡。

雖然現在談的是商品，我也希望大家能夠提起勇氣捨棄會侵蝕成果、原本就應該捨棄的所有東西。

你之所以無法獲得預期的成果，是因為你還緊緊抱著本來該捨棄的東西不放。所以與其去看**捨棄的風險**，還不如鼓起勇氣去看**若不捨棄的風險**。不這麼做的話，很可能會發生因為**不捨棄而被捨棄**的慘痛結果。

## 06 擁有捨棄的勇氣吧！

### 必要的選擇：捨棄

像這樣認為捨棄很重要的我，以前也有囤積東西的毛病。

小時候我會把去海邊撿來的貝殼存放在紙箱裡。

或許在這無數的貝殼當中，有一個不是貝殼，而是活的貝類，所以整個箱子就會變得很臭。為了找出那個活貝，我一直翻箱子，父母看到這番光景，就把我裝貝殼的箱子丟了，我還記得當時我一邊哭一邊抗議。

但是冷靜之後，我發覺雖然感到有點寂寞，可是倒也爽快。總之，就是了解到有「捨棄」這個手段。

即使是長大之後，現在依然每天得面對捨棄的判斷。像是超過錄取人數時的徵才，或是處理不需要的備用品，有時候也必須拒絕額外工作的請託。

當然如果是有能力的人，會想要全部錄取；備用品也是，購買會比丟棄有趣。還有，工作的請託若能以感謝的心情全部接過來，那更是愉快。

但並不是只有「放著備用」可以選，希望大家能認知到還有「捨棄」這個選擇。

## 於是漸漸產生「似乎很有道理的藉口」

捨棄的這個判斷，在「公事籃演練」來說，是指「決策力」。

決策力和肌肉一樣，不用就會衰退。

也就是說，如果不去做判斷，決策力就會漸漸薄弱；就像防禦反應，如果不去判斷也不放在心上，當然是既簡單又少風險，感覺似乎沒有什麼理由不這樣做。

「因為每年都一樣，所以今年也照樣。」

「丟了之後，萬一發生什麼事情怎麼辦？」

會有這樣的想法是因為發現捨棄的風險，做出這樣的判斷未必就是不對的，但無疑也是一種畫地自限。

「公事籃演練」也使用在選拔主管和負責人的考試上，主管是決策職，因此像前述的想法，會被評價成沒有發揮決策力。

判斷時重要的是**客觀比較兩方的選項**。

比較捨棄的風險和不去捨棄的風險，不去捨棄的主觀意識不可以太強烈。

「暫時」、「暫且」、「以後」，這些語詞在「公事籃演練」都是NG的字眼。看起來好像有做判斷，實際上卻沒有，因為都是一些「曖昧含糊的語詞」，而且是把好不容易鼓起捨棄的勇氣打消的語詞。

## 真正的變化從這裡開始

我在演講時經常使用左頁這張圖，水從水龍頭流進杯子裡，然後溢出來。

「這時候你會採取怎樣的行動呢？」我會這麼問學員，結果大部分的人會回答：「關掉水龍頭。」

我會再問：「如果水龍頭關不起來的話怎麼辦？」

結果很多人回答：「換大一點的容器。」

當然這些都是正確答案，沒有不正確的，也有換成能夠多裝一些水的容器這樣的判斷。

但還有不把水留下來，也就是「將容器裡的水倒掉」這樣的判斷和選項。

身為經營者，我會順應公司的狀況做變化，變化這件事意味著捨棄到目前為止所做的事。

公司當中也有人會留戀過去締造的東西，認為現在最好。這時候我使用的是**試一次看看，如果過了一定時間也沒效果的話，再修正即可**的方法。

然後我會強調並非完全捨棄，不行的話再恢復原狀就好。

並不是丟了一次便無法再回頭，我希望大家能鼓起勇氣，試著丟掉一些東西看看。如此一來，行動就能改變，也會有很大的變化。

我們很容易誤以為變化是做什麼新的事情，或是得到什麼，**其實真正的變化，是從捨棄什麼的時候開始。**

改變行動獲得成果，是從實行捨棄什麼的決斷之後開始的。

# 第2部：好的，讓我們丟掉一些東西吧

# 正確捨棄的方法

## 這麼做的話不會有問題嗎？

說到捨棄，說不定會有馬上丟掉某些東西的行動派。

實際上，捨棄這個行動雖然會導向成功，但也是殺傷力很強的行動，有時甚致會招致失敗，因此不是丟了就好，本章希望能協助大家了解正確的捨棄方法。

所謂「正確的捨棄方法」，就我研究的「公事籃演練」而言，可說是「追溯正確過程的捨棄方法」。

人們不論是無法獲得成果、失敗，或做錯誤的判斷，都是因為有什麼過程不足或是太多所致。

捨棄這個判斷或行動，也必須遵循正確的過程才行。

所謂正確的過程是指截至判斷為止，發揮各種能力確認細節的過程。

更簡單來說，不是想到要捨棄什麼的判斷，**而是探討因為捨棄會不會引起什麼問題**，如果有這樣的過程，那麼正確判斷的機率就會提高。

例如決定將電器用品的說明書丟掉。

但是這個決策有「不知道使用方法時會傷腦筋」的風險，也就是問題點。

因此為了減輕這樣的風險，事先確認製造廠商的網頁是否能夠下載，再決定要不要丟棄，這就是遵循正確的過程再丟棄的決策。

在這裡需要發現風險的力量，也就是「問題發現力」，以及為了減輕風險收集情報的「問題分析力」。

## 引導正確判斷的幾個能力

要像這樣確切遵循過程做捨棄的判斷，必須發揮幾個能力才行，例子如下：

- 優先順位設定……可以決定工作順序的能力。

● 問題發現力……………不僅是表面的問題與風險，還有看穿本質問題的力量。
● 決策力………………做有根據的決策和傳達的能力，或是實行的能力。
● 創造性………………脫離框架產生新構想的能力。
● 洞察力………………不是在特定的範圍內判斷，而是綜觀全體做有遠見的判斷，以及組織計畫的能力。

正確的判斷需要上述幾項能力。至於該如何發揮這樣的能力，會在後面捨棄的要點一起說明。

PROLOGUE

# 砍經費的人來了

## 再削減的話……

這裡是「新橋家具製造所」的板橋工廠。在業界雖屬中等規模，卻是一家創業五十年的老字號。位置就在高速公路大交流道開車約十分鐘的幹道旁，周邊有白樺樹環繞，遠處則聳立著山頭終年積雪的綠色山脈。

灰色的三層廠房裡，到處貼著老舊到有點褪色的海報，上面寫著「品質第一」，旁邊則是在新的白紙上用紅字寫著「提升生產力」的海報。會貼這麼多「提升生產力」的海報是有理由的。

板橋工廠從二年前起，生產量就掉了二〇%，因此被總公司逼著縮減經費。

但是幾年前工廠就開始縮減經費，人員還減少到最尖峰時期的七〇%，因此板橋工廠的山本廠長很苦惱。

「再也沒有可以縮減的地方啦！」

一邊盯著工廠的組織圖和經費資料，一邊用拳頭敲著這幾年漸漸變寬、布滿皺紋的額頭。

高杉詩織敲著用隔板圍起來的廠長室的門。

「早安。」

開門之後，宛如女播報員般清脆的聲音傳遍了整個廠長室，然後慢慢地行了一個禮。

「啊！早。進來吧！」

苗條的身材，修長的脖子，然後頂著一頭學生頭，長相非常清秀，簡直就像日本娃娃穿著平整的套裝般，這是山本對高杉的第一印象。

高杉今天剛從總公司的祕書室和經營企畫室調來板橋工廠擔任總務課長。就好像築起一道牆般，山本本能地警戒起來。

並不是不知道高杉是何等人物，而是對山本廠長來說，她是不請自來的下屬。

「妳是高杉小姐嗎？和我想像的很不一樣，我以為應該是感覺更嚴肅的人……」

高杉坐在黑色的沙發上，上半身稍微靠前，避免整個人靠坐在沙發裡，她笑笑地表示：「我常常被這麼說。」

高杉溫柔地笑著，細長的眼睛更加細了。

「那麼，妳來這裡的理由我想妳應該最清楚，不過在這裡我是上司。所以要入境隨俗……」

「我知道，我不會亂來的。」

自己的想法被看穿，山本覺得有點不好意思，咳了一聲重整態勢說：「總公司有指示的話，希望妳一定要告訴我。」

「好的。」

「總公司派妳來這裡，是認為還有削減的地方吧。但是能削減的地方都削減了，妳看！」

山本遞出大約二十頁的資料。

高杉收下資料之後，翻了幾頁，後面連看都沒看就還給廠長。

「謝謝您！」

「咦？這資料這樣就好了嗎？」

「嗯！我了解了。謝謝您。」

「喔！原來要來之前已經調查好了。果然！」

雖然高杉笑著回答，但是山本露出痛苦的臉說：「我聽說刪減的專家要來。但是已經沒有任何東西可以刪減了。剩下來的全是一些不能捨棄的東西，所以不要輕舉妄動。」

「不過總務課長分內的判斷，應該沒關係吧？」

「可以，就是因為這樣才需要總務課長。只不過妳的總務課從去年已經有二名轉出，已經沒有可以縮減的地方囉！」

山本似乎有了一些餘裕，微微一笑，但是恰似老虎瞄準獵物的眼神卻沒有改變。就好像要無視這個視線般，高杉凜然提問：「如果有成員的情報就太感謝了。」

山本輕輕地晃了一下頭，毫無表情地從自己的抽屜抽出一份茶色的檔案夾，一邊拍打著封面，一邊遞給高杉。

「現在總務課除了妳之外還有四名。」

資料上有其他四位的姓名和入社的經歷。

主任　望月翼（六年）

社員　岡村直美（十五年）

社員　八木誠一（七年）

社員　夏峰瞳（一年）

山本用滾動在桌上的原子筆尖，一邊指著望月翼那一列一邊說道：

「首先這位望月主任，有好幾次快被調到總公司，他是個很優秀人才。如果沒有他，總務課，不！應該說是工廠就無法運轉，是個很重要的男人。也深受上一任的信賴，相信一定會成為妳的左右手。」

「那一定很優秀囉！」

「嗯！他在主任階級當中算是一等一的。特別是均衡感極佳，若能好好用他準沒錯。」

「謝謝您。」

「再來就是岡村，她是製造部門之外最老的成員，就好像活字典一樣。特別是想做好人際關係的話，就要好好掌握她。」

「原來如此……也就是說像大姊頭般的存在囉！」

山本不知要用什麼話回答，露出困惑的表情。

「照一般來說是沒錯啦！妳是女性應該了解這一點吧！」
「她做的是怎樣的業務呢？」
「她做的是小額現金管理和會計業務，還負責教育訓練等等。」
「了解。」
「嗯！接著就是八木。他也很優秀。曾在總公司的法務部門待過，因為某些原因，目前在這裡幫我們做總務。」
「原因？」
「就是心理的問題，詳細等以後再跟妳說。」
「我知道了。」
筆尖指向最後一行。
「夏峰這孩子是去年剛進來的社員。」
「好像是。」
山本眼睛朝上望著高杉的表情說：
「唉！雖然這麼說有點不好，如果要削減的話，應該是她吧！只不過她是那個，嗯……」
「咦？」

「專務的女兒。」

高杉好像領會般輕輕點了頭。

「嗯！還得放幾年才行吧！」

「我知道了。」

「如何，是不是沒辦法再削減了？」

山本好像在博取同意似的，試圖露出友善的笑容。

不過高杉似乎無視於這個笑容，輕輕歪著頭說：「首先要看看他們工作的樣子和進行方式才會知道。」

「我想很難再削減，即使是削減的專家也沒辦法吧！」

高杉在紙上寫下下屬的姓名，然後輕輕點著頭。

「唉！不要太急，慢慢來如何？」

「好的，我想以後還有很多事情要跟您商量。那麼我現在就馬上去總務課。」

「那麼我也一起去吧！」

「不用了，我自己一個人就可以了。」

「喔！我知道了。」

高杉深深地行了一個禮，然後背向山本離去。

門關了之後，山本坐在自己的辦公桌前對著門說：「經費削減專家啊？唉！看了我的經費削減管理別嚇著就好，只剩下骨頭囉！」

## 不需要茶

高杉從三樓下樓梯，進入位於工廠一樓的總務課辦公室。總務課的房間很小，小到人在通路要擦肩而過時，都得把肩膀縮起來。窗戶左邊一個，正面兩個，右邊有隔板，裡面有到天花板的鐵櫃，還有堆得亂七八糟的紙箱。

「早安。」高杉環視一下房間之後，和顏悅色地和大家打招呼。

似乎是對高杉的聲音產生反應，房裡四個人趕緊站起來，就像回音般地一齊打招呼。

望月冀主任走了過去，腰間的皮帶繫得緊緊的；與其說把皮帶繫得緊緊的，看起來倒像是人被皮帶繫得緊緊的。頭髮有點糖色，就外貌來看，如果走在海邊的話，會讓人以為他是衝浪的人。他把姿態放低，友善地將高杉帶到課長的位子並說：「那麼要不要先開會？」

「等會兒再說，現在我想先整理這些東西。」

說完之後，高杉開始將桌上數堆的文件分類。

前任課長留下來的交接文件檔案有三本，各負責人接受前任指示所製作的檔案有四本，前任指示要回溯到二年前，將發生的事情做成報告。其中也包含夏峰加班到半夜二、三點所做的報告。

總務課的岡村直美小姐好像是算好時機似地走過來，深深低下頭說：「高杉課長，恭喜您上任。我是在總務課工作了十五年的岡村。我幫您倒茶，請問熱茶好嗎？」

高杉課長毅然地回答岡村：「謝謝妳。不過我不需要茶，我自己有買。」

「從很久以前替課長泡茶就是我的工作，請不要客氣。」

岡村小姐好像威嚇般，眉毛的角度變得很可怕。但是即使如此，高杉還是反擊說：「喔！不過從今天開始，這工作就刪除吧！」

「刪除？是別做的意思嗎？我知道了，那麼就這麼辦。」

或許是察覺到「我知道了」這聲音充滿著敵意，望月主任看到這般光景，趕緊過來緩頰。

岡村小姐若有所悟地回到自己的位子，發出比平時更大的聲音在椅子上坐了下來。

## CHAPTER1・把資料丟掉

# 鎖定情報

### ：STORY 1：那個課長真是糟透了

我叫岡村。我在板橋工廠的間接部門工作最久。

到目前為止，我見過的上司有十二人。

這些上司都很信賴我，但是這回的女課長簡直是遭透了。反正就是讓人很火大，不僅是一副「我是總公司派來的精英」的模樣，還有那是什麼態度嘛！那個工作別做了，實在是讓人生氣。我覺得前任的課長雖然不會工作，但還比她好些。

「別這樣！」想要來安撫的望月對我說。

和望月談起這個更讓人生氣，唉！對他發洩也沒有用。

我把望月請我喝的咖啡紙杯，用力地丟向藍色的塑膠垃圾桶。

咦？前面跑過來的不正是夏峰嗎？

那孩子是專務的女兒。雖然是個需要注意來往方式的孩子，不過個性文雅，也不會擺出一副「我很偉大」的樣子，還算不錯。不過不好好教她怎麼工作，可是會丟我的臉啊！

「前輩，岡村前輩！」

「怎麼了，喘成那個樣子。」

「課長，新的課長說要開會。」

「開會，是不是朝會啊？我馬上過去。喂！望月，開會囉！」

望月也趕緊把咖啡灌下去。

**為什麼要開會？**

我和望月坐下來，課長就站起來跟大家說：「好的，開始吧！我是來這裡擔任課長的高杉，請多多指教。」

我很機械式地配合她點了個頭。

「上面給我一個課題，要我提昇這間工廠的效率，或許會要求大家改變工作的方式，請多多協助。今天我們首先來把不需要的資料處理掉。」

「咦，妳在說什麼？何必現在做那種事情啊？」

我提出了抗議。

「課長，雖然您這麼說，我們早已接受前任前田課長的指示整理好資料，我有點不懂您要我們再整理一次的意思。」

我代表大家陳述了意見，課長先是露出不可思議的表情，然後認真地說：

「岡村小姐，我說的是處理，不是整理。首先，我希望你們將需要的資料和不需要的資料分開。」

「對不起！或許我的說法您有點不好理解，這裡所有的東西都是必要的資料，不需要的資料之前已經全部處理掉了。」

什麼嘛！連看都沒看，我的眼神顯然露出這樣的訊息。不過她彷彿在逃避我這個視線似的，課長把視線移到我的桌上。

「那麼這堆資料從上面數來第三件是什麼？」

「咦？這個嗎？」

那是什麼問題，妳是說我隨便把資料擺著的意思嗎？

「這是記錄這個工廠過去購買雜誌的傳票記錄。」

「多久記錄一次呢？」

「一個月為單位，如果不按時確認，需要的時候會很麻煩。」

「一個月使用一次的資料夾為什麼放在桌子上?」

什麼嘛!一定要這麼追究嗎?妳到底想要問什麼啊!

「不!因為庫存是用 EXCEL 管理,這個是印出來保管的檔案。」

「為什麼需要印出來呢?」

「因為印出來會比較方便,而且萬一電腦硬碟壞掉的話……」

為什麼需要,因為我需要所以需要。首先,為什麼這種事情要說成那樣?明明還搞不清楚總務的工作呢!

「總而言之,就是需要才擺著。所以沒有任何不需要的東西。」

我自己也不是很清楚自己在說什麼。不要再追究了,不是和妳沒關係嗎?

事後我也很懊惱,為什麼我只能說出這些自己也不清楚的藉口。

結果幾乎是在半強迫的狀態下,大家開始整理資料。我想在電視上看過被勒令遷徙的人,想必一定也是這種心情。

所有的資料都被一一詢問保管的理由。

像這樣一邊思考一邊分類資料——不!丟棄資料,還是有史以來的頭一遭。

不過結果幾乎都沒丟,因為我想以後再丟也可以,沒有現在馬上就丟的必要。或許是有總比沒有好。

「選擇和集中」的技術 ❶

# 分辨「或許需要」和「必要」的訣竅

## 保留文件的三大基準

我一個月有一半的時間在出差。出差時因為研習會或洽商，公事包很快就塞滿了資料。

出差或旅行的奧義是什麼？如果有人這麼問，大家會怎麼回答呢？我會這麼回答：「輕便。不需要的東西盡量不要帶，這是最大的原則。」

不過，當我感覺公事包有點重的時候，會發現裡面有很多簡章和資料，這些資料大部分丟了也行，或許以後用得到也說不定。像這樣出差一個星期下來，就會累積到像一本雜誌的厚度。

看到這樣的資料，我幾乎都會處理掉，有時候員工還會很細心地把被放進溶解處理箱的資料（本公司使用的不是碎紙機，而是溶解處理）放回我桌上，可能是以為我不小心丟了。

不過可不是任何資料都可以丟。

**1. 規則或法律等規定的東西。**
**2. 一週以內使用的東西。**
**3. 如果沒有這個東西，業務會發生障礙。**

這就是三個保管的基準。

## 放大捨棄的風險，縮小不捨棄的風險

大部分無法將文件丟棄的人，對第三項「業務上會發生障礙」的解釋有某種特徵，那就是「捨棄的風險比其他大很多」。

前面岡村小姐的例子，也是以「如果沒有把資料印出來怕電腦壞掉」的風險當做理由。的確，不能說完全不會發生資料消失的狀況，但是反之也不能說一定會發生。總之，就是放大認為可能會發生的風險，並小看認為不會發生的風險。以「公事籃演練」來說，這是「問題發現力」的問題。改變問題發現力發揮的方式，看法就能獲得很大的改變。

也就是說，光是著眼「丟棄」的風險，而無法將視線朝向「不丟棄」的問題，或是無法發現不丟棄的問題；如果察覺到這些評估問題的不合理處，「捨棄」這個行動就能得到正面的意義。

發現問題的習慣因人而異。

放大幾乎不可能的事情，這便是無法捨棄的原因。

## 情報少一點，決策會快一些

接下來讓我們來看看捨棄的優點。

如果把文件視為情報，以情報多寡的狀態來說，情報少一點，判斷的速度會快一些。也就是說，情報越多，決策就很容易被耽擱。

情報越多，分析和驗證所需的時間和成本也會變多，結果不僅決策會變慢，生產力也會下降。

反之，若鎖定情報，那麼決策便能順利進行。

例如計畫去旅行，因為收集太多旅行情報雜誌和旅行社的簡章，結果目光被吸引到各式各樣的地方，導致無法下決定，這就是情報過多的典型範例。

還有，因為已經有了很多情報，所以無法採取收集新情報的行動。唯有捨棄情報，才能收集其他新鮮的情報。這就和家裡的書櫃塞滿了，便無法買新書類似。

工作也是一樣，如果堆積了太多的情報，就跟利用鮮度已經過時的情報，來思考當今年輕人的傾向一樣。

## 資料的量竟然差八倍！——囤積的人．不囤積的人

我們來看看如何「丟棄資料」。

首先把資料分成不需要的和必要的。在這裡請這樣思考：

- **或許需要、或許有使用的時候……「覺得」**
- **需要，沒有這個沒辦法工作……「必要」**

重要的是不要把「必要」和「覺得」相提並論。

不過很多人會把這兩者混在一起。

**所謂的「必要」，是指「沒有這些文件工作就會出現障礙」；而「覺得」是若繼續保存下去，或許將來某一天會派上用場的期望。**

若實際進行區分，我想會發現所有的資料當中，必要的資料約占一〇%，能夠判斷不需要的也是一〇%，剩下的八〇%則是灰色地帶，也就是「覺得需要的資料」。會囤積的人和不會囤積的人，在這裡就會產生明顯差異。就資料量來說，有「覺得需要的資料」和沒有的人會相差到八倍左右。

## 減少資料的方法

如果賦予資料意義的話，那麼所有的資料都會成為「覺得需要的資料」。客戶的公司介紹或是業務留下來的影印機說明、社內報刊等等，如果想到有朝一日或許會用到於是留存下來，就會一直增加下去。

因此要減少情報的話，就要把「覺得需要的資料」定義為「沒用的資料」。

讓我們來實驗看看，證明「覺得需要的文件」是沒用的東西。

先從桌子裡的資料選出「覺得需要的資料」，並且放進透明文件夾裡。

然後再貼上寫有日期的標籤。

再來就是驗證這份資料在一星期當中被需要的次數即可。

如果不進行這樣的驗證，你的資料就會一直囤積下去。

我知道要丟棄願望的資料很難，但是真的需要這些資料的所有情報嗎？明明厚厚的目錄當中需要的只有幾頁，卻認為整本目錄都要留下來，這就不是必要而是「覺得需要」。

有用的地方可以抄寫在筆記本上，也可以掃描起來存檔，不然用照相機拍起來也可以，這些都是消除這份資料的行動。

如果這份「覺得需要的資料」不論怎樣都不想丟棄的話，不丟也沒關係。

不過請先將「覺得需要的資料」從全部的資料中隔離，並且裝進紙箱裡密封起來，想像你真的丟了。只要心裡想成那些資料都丟了，放一個星期即可。這麼一來，丟棄的恐懼就會漸漸薄弱，丟棄的抗拒感也應該會慢慢消失。

## 不需要的東西不要拿

如果做得到這個部分，那麼就可以更進一步。

接下來是謀求不囤積資料的對策。

說到為什麼會囤積資料，那是因為拿了該丟的資料。若無法避免，就算能夠丟棄囤積的資料，沒多久又會開始囤積新的資料。

我們公司的會議完全不用紙張，這是為了不要製造丟棄資料的時間。一張分配的資料，所有的人合起來就是數十張資料，我自己本身不論是在公司裡還是公司外，也不會去拿不需要的資料。

**要避免丟棄，首先就不要囤積。**

資料量一旦減少，不僅能夠騰出空間，情報也會更好整理，可以視頻率來更換。另外，也要把力量集中在原本應該收集的情報上。

如果情報管理能夠更有效率，就能空出時間去做你本來應該做的事。

到目前為止，我們談的是丟棄資料的方法，實際上這是捨棄工作的第一步。

雖然只是資料，但是和「捨棄」的決策過程是相同的。無法捨棄資料的人，就無法捨棄工作。務必請大家勇敢跨出捨棄的第一步。

**▪▪▪ 推薦的捨棄法**

- 把必要和願望的資料分開。
- 原本不需要的資料就不要拿。

**▪▪▪ 捨棄的好處**

- 選擇取捨情報，集中在真正需要的情報上。
- 省去整理資料的工夫，可以將時間集中在工作上。

CHAPTER2 ● 把名片丟掉

# 「多餘的人脈」會損害「必要的人脈」

## : STORY 2 : 如果改變看法的話……

我是夏峰。

今年剛進公司。雖然目前仍然會造成前輩的困擾，想說好不容易可以稍微放鬆一點，如今卻又換了上司，實在讓人緊張。

新課長上任第一天的工作是整理資料。

雖然爸爸告訴我，有很厲害的人會當我上司，要我好好學習，但是第一天就好像刮颱風。

因為課長說不論是什麼資料都要分類，於是我試著把抽屜清空。

空空的抽屜很清爽，簡直就像搬家時，行李全部搬出去的房間似的。

很不好意思的是，我還在抽屜裡發現便當店的優惠券，和不知道是誰拿給我的紙條，真讓人懷念。丟棄時我還被課長笑說：「這個需要嗎？」

仔細看看，不需要的東西還真不少。同樣的資料只要改變看法，必要就變成不需要，真是讓人吃驚。我馬上把家裡的桌子和錢包用同樣的方式做了整理，想不到沒用的集點卡多到讓人嚇一跳。

這次的事情讓我上了一課，不過我擔心的是岡村小姐。課長就站在岡村小姐的桌子旁邊，岡村小姐一張一張解釋資料的重要性，氣氛非常可怕。每當課長一搖頭，岡村小姐就臭著一張臉把資料塞進準備丟到碎紙機的箱子裡。

## 把東西丟掉會對不起給你的人？

告了一段落後，課長來到我的桌前。

「如何？是不是減少了七〇％左右的資料？」

我一邊在意著岡村小姐，一邊點了頭。

「嗯？這是什麼？」

「啊！這是名片簿，總務課的名片管理由我負責。」

「嗯！這個也不需要。只要把資料放進名片管理軟體，要查的時候再調出來看就好了。」

咦？名片也要丟掉嗎？不會吧！

我急著跟課長說：「課長，名片是人家給的，萬一有需要的話……」

「什麼是萬一有需要的話？」

哇！那堅定的眼神，好恐怖。

「萬一有人洽詢，如果沒有名片的話……」

「難不成對方會要求把給你的名片拿出來讓他看？」

「不是啦！雖然不會這樣……」

「那麼最近有看過這個名片簿嗎？」

「嗯！這……這也是啦！」

課長歎了一口氣說：「那麼就留三張吧？」

「啊？可是這是別人給我們的，別人給我們的東西要是丟掉……」

「就是因為妳認為是別人給的，才會這麼想。」

我不懂課長在講什麼。難道名片不是別人給的嗎？

「選擇和集中」的技術 2

# 正確的人脈擴充法

## 有用的人脈和沒用的人脈

不只是名片，我想只要是丟棄上面有寫名字的東西，都會有抗拒感。

朋友告訴我，他會把年終賀禮的禮籤收起來不丟棄，因為禮籤上有寫送禮者的名字。

一旦從事商務工作，為了介紹自己是什麼人物，通常都會使用名片。因為我會和形形色色的人見面，自己的名片很快就會發完，當然收到的名片也會一直增加。

剛開始的時候，我會把名片存放在名片簿裡。一本名片簿很快就裝滿了，於是再加一本。即使如此，因為一下子又塞滿了，只好把同一家公司的人疊放在一起。

有一次因為得寄電郵給客人，於是趕緊尋找名片，但是沒找到。我想很可能是一直夾在記事本裡，不然就是放在其他本名片簿裡。

結果只好從網路上查詢對方的公司，並打電話詢問電郵帳號。之後為了避免同樣的事情發生，我便開始整理名片，終於發現當時要找的名片原來是夾在別人的名片下面。

其他也有像是打電話到名片上寫的分機，結果發現要找的人早就調部門、換分機甚至離職了，我想大家都有這樣的經驗吧！

總而言之，**這些就是已經沒用的人脈**。

活用人脈的能力，這在「公事籃演練」評價為「組織活用力」。

活用組織或他人時，最重要的不是人脈的多寡，而是在需要他人力量的時候找到最適合求援的人。

名片的多寡或許會成為人脈的參考，但是擁有名片是否就能有效活用，那又是另外一回事。

活用人脈才會帶來成果。也就是說，**保管名片和活用人脈是不一樣的**。

請看看你手上的名片，能夠當做人脈來活用的人才到底有多少？老舊的名片，不僅情報的鮮度低落，其中是不是有很多人甚至連臉都不記得了呢？

## 為什麼無法丟棄名片？

到目前為止，雖然我們談的都是名片，**要知道，無法丟棄名片的人，便無法丟棄不需要的人脈**。

一旦擁有很多人脈，除了名片的保管管理，也需要花費很多精力、時間和成本去經營。

但是比起這些損失，我看到有人把這些當做認識很多人的證明並保管起來，而且認為很重要。

然而這只是「覺得需要的人脈」。

什麼時候會用到呢？搞不好以後或許有需要，這便是無法將名片丟掉的真正理由。與其把精力浪費在「覺得需要」的人脈上，不如把力量灌注於必要的人脈上。

因此需要事先將必要的人脈整理好。

所謂必要的人脈，是指能夠理解你，日後真正需要的人脈。

## 把時間集中在必要的人脈上吧！

例如分配時間給必要的人脈，這個人脈有時候還會介紹新的或有效的人脈給我們，因此捨棄「覺得重要的人脈」絕對不是減少人脈。

比起一百名只是認識程度的人脈，即使只有五個人也沒關係，只要能形成強而有力的人脈，這五個人會在你陷入絕境時，給你建議或是實質的援助。

我希望大家建立的人際關係是深而長的，而不是淺而寬的，日後這些都將成為你長期的財產。

那麼，把老舊的名片丟掉吧！

就是現在，將你大量的名片分成「必要的名片」和「覺得重要的名片」並處理掉，理想的比例是**保留名片二十％**，**處理掉的名片占八十％**。

捨棄的重點是決定標準。例如名片簿有四本的話，就整理成一本，只要能夠遵守這個標準，不管願不願意，應該都能做好分類的工作。

名片是為了活用對方的情報，而非為了名目而保管的東西，為了發揮真正的組織活用力，不要光是囤積名片，要有選擇捨棄的行動才行，丟棄名片會讓你看到真正值得珍惜的人脈。

### 推薦的捨棄法

- 把名片分成可以使用的人脈和不能使用的人脈兩種，這時候可以訂一個標準。例如：想得出對方長什麼樣子嗎？等等。
- 需要時能夠依賴的人才清單，這份清單要經常攜帶。

### 捨棄的好處

- 可以把精力放在必要的人脈上。

## ：STORY 3：四箱份消失在碎紙機

我叫八木。

我在這個總務課主要負責的是法令、防止勞動災害和各種手續。

我原本是法學部出身，目標是代書，臨考前因為身體不適，結果沒考上。因為不能一直當個重考生，於是進了這家公司。

之所以會想要當代書，是因為我不擅長和人來往，比起業務的工作，我似乎比較適合每天對著桌子埋頭苦幹。

自從來到這家工廠工作之後，就沒碰到像總公司那樣職權的霸凌，身體也恢復了正常，因為現在的工作環境最適合我，所以我曾經跟上任的課長說想要永遠待在這裡，不過現在換了新課長，接下來不知道會怎樣，實在有些令人感到不安。

聽到課長「縮減專家」這個綽號，就更坐立難安了。

不過新課長雖然看起來有些冷淡，卻是個漂亮的女性，實際見面之後，感覺也很溫柔，如果用文字表達的話，應該可以說是才色兼備吧！

自從課長來了之後，整個辦公室似乎亮了起來，我有預感以後的日子應該會很快樂。

但是課裡的氣氛並不平穩，特別是岡村小姐似乎把課長視為眼中釘。不過課長說的也很有道理，實際按照課長說的標準分類之下，我有四箱的資料塞進了碎紙機。

如果標準很清楚的話，我不會有怨言。

## 防災訓練的日程

啊！糟糕！現在時間是十六點四十分，因為今天增添了多餘的工作，本來該做的事情幾乎都還沒做。

首先是日光燈的熄燈檢查，再來就是滅火設備的檢查，還有廁所衛生紙使用量調查，而消耗品的庫存也得檢查。此外，員工滿意度問卷調查的回收比率，再檢查一次會比較好吧！當我拿起整理好的調查表文件夾正準備站起來的時候，望月主任把我叫住。

「八木先生，下星期防災訓練的計畫表做好了吧！我想給課長看一下，可以印出來給我嗎？」

「計畫表嗎？現在給你。但是最重要的消防署模擬滅火訓練和署長訓示的行程還沒填上去。」

「咦？還沒填上去，真的還假的？你進行到哪裡了？」

進行到哪裡……雖然還沒進行最後的確認，暫時先說已經決定好了。

「我有聽說日期，並會在當天八點三十分左右過來，但是還沒進行最後的確認。」

「啊！原來如此。可是如果不快點決定，什麼時候會給我們總評？模擬滅火訓練要花多少時間？不清楚的話就不能訂計畫了不是嗎……」

## 真的有做的必要嗎？

消防署的行程沒決定的話就無法訂計畫，這是原本就該知道的事。若想要早點決定計畫的話，為什麼不早點講？想著想著正在嘆氣時，課長對我提出尖銳的質詢。

「等一下。防災訓練的計畫不是決定一週前完成，然後在課裡頭討論的嗎？到現在才說計畫還沒好，到底是怎麼一回事？」

望月主任像是要打圓場似的走到課長跟前，這種時候望月先生可說是個擅長打圓場的專家，不知道是不是想把不好的事情掩蓋起來。

「對不起，現在馬上就去確認。對不對，八木？」

別開玩笑了！現在等著我做的事情可多著呢！這種暫時擺平就好的想法，我可不能接受。

「我沒有辦法，雖然很想盡快，但是現在有其他事情要做，我下週一再來確認。」

「有事情要做，你要現在做什麼？」

課長的質詢穿過望月主任的肩膀向我飛來。我把現在要開始做的工作一項一項唸出來。

「那些真的有必要做嗎？」

「有！而且是非做不可的工作，到目前為止我一直都在做。」

課長站起來瞪了一眼，我整個身體抖了一下。

**「你不能說因為到目前為止一直在做，所以就一定要做，這麼一來，真正得做的工作就沒辦法做了。」**

到目前為止所做的工作，都被否定了——我有這種的感覺。不過雖然怪怪的，但又覺得頗有道理，我也不想做一些可有可無的工作。

## 「選擇與集中」的技術 3

# 哪個工作該最優先？

### 是必要還是「覺得需要」？

在某個研習幹部訓練中，要大家盤點一天所做的工作，結果工作項目最少的人也有四十項左右，多的人大約會多到八十項左右。一旦當了主管，突發的工作或下屬工作的確認等等，會有很多作業。

被工作逼得走投無路的人，其特徵就是把工作全部都視為必要的工作，所以到頭來全部都沒辦法做。

同樣是主管的話，做的工作量應該一樣，但是能夠有好績效的人，會選擇取捨工作，並且改變努力的方法。也就是說，**別想所有的工作全部拿滿分**，這就某個意義來說，就是判斷捨棄不重要的工作。

捨棄並不是說不要工作，而是**改變自身合格的標準**。

到目前為止，如果都是目標一百分的話，不重要的工作改定為八十分也可以。然後將剩下的精力投注在重要的工作上，花費同樣的力氣，成果也會大大不同。

就好像來了很多報告和情報，如果要一個一個檢查得很仔細，並解決問題，我想在時間上應該很難辦得到。

因此即使是接到一個報告的時候，也要分成重要的報告和非重要的報告，並改變思考或檢查的比重。

學習游泳時，教練會教我們與其兩腳平均施力打水；數次輕輕的，然後再加強，這種有強弱的游法反而更能前進。

工作也是一樣，當工作快超過自己的限度時，我會改變工作的比重，或是整理工作內容，判斷哪些應該捨棄，做一番捨棄。究竟是「必要」還是「覺得需要」，便是捨棄工作的標準。

## 不做的話會失去什麼嗎

在分開必要的工作和願望的工作時，首先必須檢視自己從事的工作，這並不會花多少時間。每天早上把該做的事情記在手帳裡，下班時把做好的工作寫上去，如此反覆三天，應該可以網羅八〇%左右的工作吧！

然後，對每項工作重新思考看看。

「如果不做這個工作會有怎樣的影響？」

如果對這個問題感到抽象的人，也可以這麼想。

「如果不做這個工作會失去什麼？」

請回答具體的東西或是現實的東西。

為什麼要提出這樣的問題，那是因為很多時候自己認為很重要的工作，只不過是自己認為很重要，實際上就算不做，也幾乎沒有什麼影響。

「理所當然進行的工作、作業。」

「習慣性的工作。」

「為了自己的自尊和保身的工作。」

「自身喜好的工作。」

「過度深入的工作。」

「逃避現實的工作。」

「本來是下屬或他人該做的工作。」

此外，即使是非做不可的工作，也有「如果早點做會比較輕鬆的工作」，「比較開心輕鬆，所以想先做的工作」，這些也是「覺得需要的工作」。

這些以「公事籃演練」優先順位設定來說，便稱為「**雖然緊急但是重要度很低的工作**」，在這裡傾注精力的人，常是盡了力卻無法得到好評價或好成績。

## 能幹的人原來這樣工作？

工作有「必要的工作」和「覺得需要的工作」。

必要的工作也有二種，現在必要的工作和今後必要的工作。

本來必須集中的是今後必要的工作。在「公事籃演練」稱為B象限（請參照第二三一頁的圖）。

在這裡該丟棄的工作也是「覺得需要的工作」。或許大家會想成「想做做看」，實際上大部分是「**自以為非做不可**」的工作。

所謂「覺得需要的工作」，**是你為了自己製造的工作**。

你是不是想到像是記錄或是填寫手帳、時間表、檢查清單……等等，為了讓人感覺到自己有在工作的工作？

本來應該將精力投注在「必要的工作上」，更進一步的目標，**是投注精力在將來必要的工作**，而非目前馬上必要的工作。為了完成自身想完成的目標，或是為了達到更高的目標，把精力投注在將來必要的工作，也就是說將力量集中在必須先下手的工作，便能帶來很大的成果。

這些事情，我跟下屬常用下面的例子向下屬說明。

「牙齒有點痛的時候看醫生比較好？還是等到不拔牙齒不行的狀態比較好？」

大家一定會選前者，工作也是一樣。如何搶先下手，這就是提升工作成果的奧義。因此要先做必要的工作，並且必須丟棄「覺得需要的工作」。

因為你現在必須集中的是必要的工作。

■■■

## 推薦的捨棄法

- 將工作檢視一次。
- 把工作分成「必要的工作」和「覺得需要的工作」。
  標準是分成必要二比願望八，或是三比七。
- 具體回答如果不做這個工作會產生怎樣的損失。

■■■

## 捨棄的好處

- 集中在本來該做的事。
- 準備今後必要的工作。

# CHAPTER4・丟棄老舊的情報

# 為什麼必要的情報進不來？

## ：STORY 4：搜尋作業的速度提高

我是主任望月。

高杉課長就任一個星期了。

老實說，工作方式的不同讓我大吃一驚，但非常受用。

很希望跟高水準的人一起工作，卻也深深領悟到自己的不成熟。

雖然這星期加班的時間比預訂多了一倍，但是課長說，如果把月間的加班時間集中在這段期間，總加班時數就會減少。

廠長把我叫去問了好幾次：「真的沒問題嗎？」因為我只能信任課長，所以回答沒問題。

廠長為什麼不直接問課長呢？真是不可思議。而且他還交代我：「如果有什麼事情要馬上報告。」

八木和夏峰跟新課長相處得很好，但總覺得岡村表現出很抗拒的樣子。唉！反正從中協調是我的工作。

不過環境真的是變好了，不需要的資料和沒意義的工作也減少了很多，倉庫變得空空的，作業也很方便。特別是搜尋洽詢的資料，速度比以前快多了。

看我們如此，其他的部門好像也開始做同樣的整理。

工作進行的方式也跟著改變了。

把八木負擔的工作列出清單之後，才發現竟然這麼多，老實說還真是嚇了一跳。其中包含他為了自己製造的工作。雖然八木對於停止慣例的工作有些抗拒，但是若真的有需要的話，可以重新開始，以這個條件為前提，他願意停一次看看。

就這一個星期來看，好像對所有的實務幾乎都沒影響，他自己本身也能集中在法務的工作上。

## 那是最新的情報嗎？

喔！才想到是誰，原來是八木。

「主任，糟了！」

八木面無表情地把我叫住，因為語調和平常一樣很單調，是不是真的很糟糕，讓我很難分辨。

「怎麼了？」

「剛剛消防署的人有跟我連絡……」

「沒講好嗎？」

「不是！雖然討論得很順利，但是為了確認防火設備，明天上午會來公司。」

「咦？明天嗎？」

「雖然很想商量看看能不能延一下時間，但是沒辦法。」

真糟糕，完了！不趕快把這件事告訴課長不行。

課長以冷靜的表情聽了我的報告之後說：「如果平時檢查都有做好的話，應該沒問題吧！」

的確沒有慌張的必要，如果平時都有做好的話。

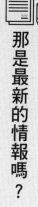

「不過這裡不知道有沒有問題？」課長指著檢查清單上確保避難通道的空欄。那是材料保存場所旁的逃生梯，如果放東西的地方不夠，就會不小心堆放在這裡。當然，不可以把材料堆放在避難用的通路上。

我也覺得可能有問題，不過上個月末底我已經檢查過了，我很有自信地告訴課長：「那個沒問題，因為我已經親自檢查過了。」

「什麼時候？」

「上個月。」

「再去看一遍。」

「我真的有好好看過了。」

課長不管我說什麼，硬是要我再過去看看，是不是懷疑我沒有好好看啊？有點沮喪的我，因為沒辦法拒絕課長的指示，於是打開逃生梯的門……

「咦？真的還假的？怎麼會這樣？」我提高了嗓門大喊。

蓋著藍色塑膠布，像是什麼裝置的東西被放在地上，因此逃生梯變得非常狹窄，要側著身體才能夠通過。

是誰啊！一個月前明明沒有啊！

難不成課長知道這件事，才要我再度確認呢？

「選擇和集中」的技術 4

# 這是最新的資料嗎？

## 情報最重要的是鮮度

據說現在環繞著我們的情報，是人類能夠處理的量的二萬倍。

「能夠擁有情報，就能獲得好成績。」這種說法顯然早已落伍，現在端看能不能收集、區分可用來判斷的新鮮情報，以獲得成果。

演講時講師站在台前的任務之一，就是提供大家各式各樣的情報，我們稱之為材料，這個材料最重要的就是鮮度。

我在研習會和演講時所提到的情報，會確認是不是最新的情報，如果是舊情報的話便會換掉。不這樣的話，比我擁有更新情報的人來看，對我的評價當然就會大打折扣。

情報最重要的是鮮度，並且從取得的瞬間就會開始劣化。

但是有很多人無法捨棄一度到手的情報，那是因為過度評價現有情報所導致的失敗。

例如若詢問目前在ＳＮＳ最常使用的網路服務是什麼？應該會有人回答mixi（編註：日本在二〇〇四年上線的社群網站）或臉書吧！然而在寫這本書的時候，ＬＩＮＥ已經超過了這些網站。或許大家在讀這本書的時候，又變得不一樣也說不定。

也就是說，如果情報不更換的話，擁有的情報就會變成沒用的東西，因此，判斷的精度不僅會變差，也會傳達給對方錯誤的情報。

是否能夠適時取得對判斷有效的情報，叫「情報收集力」。

擁有眾多的情報，並非情報收集力；因為老舊的情報和無法使用的情報，都是無用多餘的東西，充其量只不過是拿著安心而已。

## 不被無用的情報支配的訣竅

那麼定期將老舊的情報全部換成新的情報好嗎？其實這也有困難的地方。因此**希望在使用情報之前，能夠先進行確認**。也就是把力量集中在確認這個情報是否正確、是否為最新的情報上，如此一來，就能丟棄無用的情報。

一旦擁有過多的情報，想要更新也很耗時費力。雖然種類有別，但通常只要是超過一個月以上的資訊，就不要認為是情報。

此外，也建議大家鎖定採用的情報源。例如決定經常閱讀的報紙、雜誌和電視節目。如此一來，就是可以丟棄不需要的情報源。

一旦被無用的情報支配，就會自以為是或是成為固定觀念，有時甚至會造成很大的失敗。什麼是真正能夠使用的情報呢？希望大家對自己擁有的情報要抱持懷疑，這在「公事籃演練」被稱為「問題分析力」。

我會鎖定經營使用的情報。想用的時候雖然會有很多數字和情報，但是以特定角度點來篩選的話，很多是無法使用的情報。正因為如此，我採用的是被稱為「定點情報」，也就是同樣的情報以時間序列來看的手法。

比較同樣的情報，能夠預知傾向值。

人類收集情報的動機之一是求知欲，會妨礙這個求知欲的就是老舊的情報，若能將其捨棄，就能引進新的情報。若能夠集中在當中有用的資訊，那麼就能經常擁有新鮮而且有用的情報。

為了進行情報的新陳代謝，希望大家能鼓起勇氣丟棄現有的資料。

▪
▪
▪

## 建議的捨棄法

● 不要以為現有的情報是最新而且是正確的，請加入確認的程序。

● 固定情報源，定點收集，如此一來就能更新情報。

▪
▪
▪

## 捨棄的好處

● 能夠用最新的情報來做判斷。

● 鎖定情報源就不會收集沒用的情報，就能將時間用在收集必要的情報上。

## CHAPTER5・丟棄自我限制的框架

# 察覺妨礙構思的「框架」

### ：STORY 5：那麼就從今年廢除吧！

我是八木。

課長嗎？之前髮型有些改變，右手的戒指也很引人矚目。

工作就和傳說的一樣，是個很能幹的人。或許因為這樣，即使是女性也能成為主管。

我非常歡迎像這種乾淨俐落的女性，好久沒碰到這種能夠訂好明確基準的上司了。不！應該說是第一次碰到才對。

啊！課長又在叫我了。

不知道為什麼，總覺得她以尖銳的目光在看我提出的防災訓練上。

看到課長恐怖的側臉，老實說我有點心動，但是應該不是什麼好事。

「八木，這個計畫的這個部分能不能幫我刪掉？」

課長用黃色的簽字筆塗在「總務課長致詞」的一欄。

啊！課長不知道才會這麼說，我以指導的立場告訴她我的想法。

「課長，這是每年按照慣例舉行的儀式，所以不能刪除。」

「啊！是這樣子嗎？那麼就從今年廢除吧！」

咦？課長妳在說什麼？歷代課長持續到現在，這可不能妥協，我堅決反對。

「不可能！課長致詞已經持續了十四年，所以這次也列入了計畫表。」

「就算沒有我的致詞也不會怎樣，我想讓大家早一點回到自己的工作崗位。」

「不！這是每年的慣例，如果不幫我們致詞，我會很困擾。」

「什麼？你的意思是說這是工廠的老規矩嗎？」

「因為是每年一定要做的事，而且也是按照這個來做計畫表的。」

## 不是署長也沒關係？

我一步也不肯退讓地和課長對峙，這時候夏峰對我喊著：「八木的電話！」

課長擺出「去接吧」的手勢，於是我去接了電話。原來是消防署打來的。

「嗯……咦？什麼……真糟糕！」我馬上跑去跟課長報告。

「課長，糟了！消防署署長的預訂行程撞期，當天好像沒辦法來這裡。」

抱著課長一定會狠狠罵我一頓的覺悟，我小聲地跟課長報告。這是我的錯誤，我應該早一點跟消防署商量才對。課長對著茫然若失的我反問：

「有代替的人過來嗎？」

「嗯！消防指導的人會過來，但是消防署長就無法訓示了。」

「那就沒辦法了，那就請那位指導訓示吧！」

「那不行，因為每年都有消防署長的訓示。」

「消防署長都說些什麼呢？」

「嗯！我不太記得，應該是預防火災之類吧！」

「既然如此，不是署長也沒關係啊？」

什麼跟什麼嘛，這個人為什麼可以這麼乾脆地把儀式毀掉啊？

「選擇與集中」的技術 5

# 這麼做，會想出以前想不到的點子

## 我們總是在狹隘的框架中煩惱

在某個研習，我跟學員提出這樣的問題。

若一年以六十萬日圓的預算，增加人口稀少的村落人口數，大家有什麼點子？

大部分的學員不是回答六十萬日圓預算太少，就是使用六十萬日圓來做村子的宣傳。那麼你會有什麼樣的點子呢？

不論我到哪裡研習，只要一提出這個問題，都會有幾個人提出讓人吃驚的點子。例如：

「運用六十萬日圓增加資金。」

「用六十萬日圓來募集增加村子人口的點子。」

「交涉增加預算。」……等等。

讀者當中或許有人會覺得，那豈不是違反規則，或是點子和前提不符；但這樣的構想在「公事籃演練」來說是「創造性」這個能力的表現。創造性是指提出脫離框架的構想或是點子的行動，事實上很多人在不知不覺當中，困在狹隘的框架當中，抱頭苦思。

說到六十萬日圓預算，很容易想成必須安排在六十萬日圓以內，或是非得使用六十萬日圓才行，這時候便形成了六十萬日圓這個框架。

還有「一旦形成必須自己想出答案」的框架，那麼就不會有聽取別人的建議或是募集點子的方法。

這是因為無法捨棄框架之故。在這之前，真正的原因是不知道自己有這樣的框架。我本身也在辭去上個工作時，發現了很多框架。

事實上，公司本身就是一個框架，身在其中時很難察覺。

當時對於那些想法天馬行空的同事，總是把他們當做不同種的人類，有時還會以有色的眼光來看待他們。後來我才發現到，他們在社會上是非常普通的人，而我們只是生存在不同性質的框架當中而已。

## 按照習慣、常識、前例——保護自己遠離風險的框架

框架也分成「覺得需要的框架」和「必要的框架」兩種。

「覺得需要的框架」是乖乖待在裡面就不會有危險的框架，例如按照前例、習慣、常識、標準……等等。這是為了保護自己遠離風險，自然掛在身上的框架。

另一方面來說，沒有框架也有麻煩的時候。例如為了維持公司的風紀，需要規則，為了不讓員工散漫，便需要方針，這些便稱為「必要的框架」。因此，並不是所有的框架都是不好的，重要的是，能否察覺到自己處於這個框架當中。

「覺得需要的框架」和「必要的框架」的不同處，在於如何使用。為了達成目標使用或是打破的都是「必要的框架」；而為了作為無法達成目標的理由，換言之，就是當作藉口保護自己的框架即「覺得需要的框架」。

「覺得需要的框架」往往是因為「不想承擔風險」的想法所產生。

按照前例的話不僅不需要思考，對周遭也有說服力，而且不會遭受他人的攻擊，所以才會自己製造框架吧！但也因為這樣，我們錯失了真正重要的選項。

## 如果把框架拿掉，選項就會無限擴大

捨棄框架，**可以很乾脆地解決至今無法解決的問題**。

例如電腦突然發生當機，或是因為記憶體不足、動作變遲緩等不良的狀況，雖然會想辦法修好，如果把「持續使用這部電腦」這個框架丟掉，買新的電腦或是丟掉「一定得使用電腦」這個框架，也有使用電子計算機計算或是用智慧型手機的方法。也就是說，和目前不同的選項會無限擴大。

在商務上為了求生存，需要變化。為了變化，就有必要考慮將框架丟掉。因此我希望大家能夠**發現框架並超越框架**，而不是去守住框架。

我感覺到被自己的框架限制住，是在想不出點子的時候。這框架是什麼？是預算還是規則，搞不好是前例或習慣也說不定，正是這種時候，才能發現自己的框架。

我們必須傾注力量的，不是保護「覺得需要的框架」，而是捨棄框架，跳脫框架來考慮選項。如此一來，至今你無法解決的問題也就能夠迎刃而解，你自己也能跳脫框架，變得輕盈靈巧。

▪▪▪

**推薦的捨棄法**

● 在想不出點子時，要知道是碰到什麼框架。

● 試著想想那框架是什麼，訣竅就是思考前提條件是什麼即可。然後丟棄框架來思考點子。

▪▪▪

**捨棄的好處**

● 可以解決至今無法解決的問題。

# CHAPTER6．捨棄交際

# 你還在持續無意義的交際嗎？

## ：STORY 6：拒絕的話會覺得不好意思……

我是夏峰。

我很喜歡和同梯一起去唱卡拉ＯＫ和購物，因為可以像學生時代那樣盡情奔放。

出了社會覺得有點可惜的就是很忙，不像學生時代有那麼多時間。不過今天晚上打算和同梯一起去一家蛋包飯很好吃的店，生活如果沒有這些樂趣的話，工作就會提不起勁。

啊！公司的電郵來了。

喔！好像是岡村小姐發的。

「明天要不要一起去銀座？那邊有家新開幕的咖哩店。」

岡村小姐是個美食通，而且還精通到寫美食部落格呢！之前她也帶我去過拿坡里義大利麵很好吃的店。

但是我這個新進員工的錢包已經開始拉警報了，週末不但有朋友的結婚喜宴，後天還和閨密由美約好了要去唱卡拉ＯＫ。

不過既然她專程邀我，拒絕的話總覺得不好意思，而且人際關係很重要。

該怎麼辦才好呢？

## 為什麼能夠拒絕？

看起來坐立不安的八木，此時進入了我的視線。

八木若想找人說些什麼，就會開始像鴕鳥從柵欄裡伸出頭似地向四處窺看。

啊！糟糕！我跟他的眼睛對上了，想當然，八木馬上叫住了我。

「喂！我剛好有個點子。下個星期要不要幫課長辦個歡迎會？我來舉辦。」

咦？唉喲！真的還假的，饒了我吧！

我的心裡才這麼想，課長馬上笑臉回覆他：「謝謝，可是我下星期的行程全滿了，等過一陣子穩定之後再麻煩你，你的好意我心領了。」

「這樣啊……」

八木一動也不動，感覺很失望的樣子，讓人不禁詫異，為什麼會那麼失望？

雖然我摸著胸口鬆了一口氣，心裡也在想，為什麼課長可以拒絕得那麼瀟灑呢？

側眼看著課長快手快腳工作的模樣，我不禁重新思考自己承受的包袱。

「選擇和集中」的技術❻

# 如何分辨真正必要的關係

## 人際關係需要精力、時間和金錢

建立人際關係很重要。在我「公事籃演練」的研習當中，也加入了「雖然不是緊急，但為優先事項之一」的人際關係建立。因為在商務當中，需要中長期的人際關係和信賴關係。

現在和以前不一樣，不僅是自己的人際關係，其他人建立怎樣的人際關係，因為都能在臉書上看到，所以和自己的人際關係做比較時就會因人而異，可見大家對人際關係的想法有很大的不同。

在這裡一定要弄清楚的是，眾多的人際關係有好處也有壞處，因為維持眾多的人際關係需要精力、時間和金錢。

例如我在演講之後，常被邀請參加懇親會或餐會，除非是包含在節目當中，基本上我都會謝絕。或許有人會說我是個不善交際的講師，因為我和參加演講的人並不是朋友，總是要做個劃分。

另一方面，我和大學時代的恩師、朋友，還有「公事籃演練」結交的夥伴就會保持密切的聯繫。

所有的人際關係並不是同樣深度，有交情較深的人際關係，也有交情較淺的人際關係。例如在臉書，真正能夠了解對方近況並保持聯繫的，頂多三十位左右吧！更何況是維持數千人的關係，在物理上根本是不可能的。

雖然不能無視公司裡的交際，但是在交際這個主題之下，希望你能發現重要的勞力、時間和資金若被浪費掉，將無法使用在真正需要的人際關係上。

## 把力量灌注在真正必要的交際上

人際關係也有「覺得需要」和「必要」的分別。

「覺得需要的交際」是指為了讓自己看起來好看，淺薄的交際。「不好拒絕」、「交際」、「沒辦法」，或許一時之間看起來還可以，但實際上對未來的幫助則十分有限。一、二次沒往來就會斷掉的交際，原本就是無法延續的人脈的交際、沒意義的交際。

另一方面，「必要的人際關係」是「**和未來相繫的關係**」、「**你真正必要的關係**」。

如果無法捨棄「覺得需要的交際」，那麼你會和真正需要的人慢慢拉開距離，不知不覺中你就會被捨棄。

正因為如此，希望大家提起割捨的勇氣。

因為工作的關係，我會與著名人士見面，有時幾天前交換名片的著名人士會邀請我去參加活動或派對。但是這些邀請好像不是針對我個人發出，而是對所有交換名片的人用電郵一起發出的邀請。因為一個星期會收到幾件這樣的電郵，我會通知對方以後不要再寄電郵過來。

「可是拒絕的話，下次碰面時會不會不愉快？」這樣的話自己刪除電郵是不是比較好?有時我也會這麼想。但是如此一來就會浪費時間，更重要的是，在拒絕電郵寄送之前，就要考慮到和那個人是不是有持續關係的必要。

沒有勉強的必要，也不需要忍耐。希望大家能夠提起勇氣改變對交際的看法。停止在「覺得需要的交際」上投注精力，把省下來的時間和資金集中在真正需要的人身上吧！如果你沒找到必要的人際關係，那麼就集中在尋找這個人際關係上。

並不是要斬斷交際，而是將精力傾注在「必要的交際」上。

## 建立人際關係是對自己的投資

接下來要介紹給大家的是，如何分辨「覺得需要的人際關係」和「必要的人際關係」。

如果要消滅「覺得需要的人際關係」，現實上請先試著數量化。

試著把對你而言**有利的價值和投資的時間、成本做比較**即可，看看投資的時間或成本有沒有和價值成比例？

人際關係的建立，實際上並不是給對方的投資，而是對自己的投資；什麼人對自己最有利，像是獲得知識、提升動力或是被療癒也行，若能集中在這上面，就可以建立充實的人際關係。

沒必要的人際關係不僅對你沒用，更會絆住你，讓你浪費重要的時間、勞力與金錢。正因為如此，為了集中在真正需要的人際關係上，就應該提起捨棄其他關係的勇氣。

∴推薦的捨棄法

● 決定花在交際上的時間，這麼一來就能選擇取捨。

∴捨棄的好處

● 能夠把精力集中在真正重要的交際上。

## HAPTER7．捨棄「理想的自己」？

# 比拚命努力更重要的事

### ：STORY 7：無法反擊……

我是岡村。

新課長就任後已經過了二個星期，老實說我被搞得團團轉，真的很煩。全部被否定，到目前為止做的事情幾乎都被喊停，以往沒有的新類型，對！新類型。只是沒辦法反擊就是合乎道理。而且仔細想想，事實上有也改變之後覺得不錯的地方，一旦察覺這個事實，反而讓我自我厭惡，真不知道我以前在幹什麼。

自從進公司以來，我一直在這個工廠善盡自己的責任，不管是好是壞，大家都叫我工廠的頭頭，其中好像也有人叫我大姊頭。

到目前為止，歷代的課長也都肯定我的存在，很多事情都會跟我商量，算是必要的存在吧！因此我希望我能提供好的建議，也希望把工作做得很完美，也想做好對周遭的協商以及新人教育。

但是這次的課長不僅不太依賴我，甚至讓我感到不安，她是不是想要把我趕走？當然，我不會輸給她。

老實說，我還搞不清楚課長的真面目。

雖然望月說她是來拯救工廠的救世主，我覺得她是為了以女性主管的身分生存下去，做做樣子而已。如果是這樣的話，我可不願意被她搞得團團轉，一定要徹底對抗才行！

## 免費加班曝光了

想著想著，一邊打傳票的時候，望月來到我跟前，而且露出一副困惑的臉，我想他一定是有事情找我商量吧！

「岡村小姐，可不可以打擾一下？」

「怎麼了？望月，有什麼事嗎？」

望月東張西望地環視四周，用沙啞低沉的聲音跟我說：「昨天岡村小姐幾點下班？」

「咦？我……怎麼了？發生什麼事？」

「不太妙……課長正在檢查工作時間卡和守衛的記錄。」

「真的還假的？你是說在調查實際下班時間和打卡的時間？」

因為的確有加班的限制，所以我準時在下班時間打卡，但實際回家的時間大約是在三小時以後吧！

望月蹙著眉頭繼續說道。

「課長說想要直接確認，叫岡村小姐去會議室。」

「咦？只有我？」

「對。」

既然這樣，我也沒辦法。

我想她一定是高高在上說我違反規則什麼的，不過反正我也沒對公司做什麼壞事。

我打開了會議室的門。

課長確認事實之後，堅定且沉穩地開始說起違反規則的事情。雖然我有反駁，但是都被一個個的原則論給攻破。

漸漸我感覺自己像是個罪犯，我沒有為了自己做什麼壞事啊！

我流下了眼淚，但是手帕放在桌上沒拿過來。結果課長遞出了手帕給我，上面有粉紅色的兔子，好像是小孩子在用的……

「對不起，我洗乾淨之後再還給妳。」

說著說著，我用手帕擦著自己哭得唏哩嘩啦的臉。

「聽說岡村小姐很受大家的信賴和依賴，前任的課長也很倚重妳。」

課長急忙改變了口氣。

「沒那回事。」

「聽說妳也在照顧妳的母親，這麼忙工作還做到這麼晚，對身體很不好喔！」

媽媽也說過同樣的話，從課長身上似乎感覺到媽媽的影子。

## 要捨棄自己該有的姿態嗎？

「岡村小姐妳想過自己該有的姿態嗎？」

「咦？妳說的意思我不太懂。該有的姿態嗎？」

我一邊擦著眼淚一邊問道。

「是的，該有的姿態，就是**自己非這樣**不可。」

「非這樣不可……」

我把這句話套在自己身上思考。

「有困難的人一定要幫助他，這樣嗎？」

「只有這個嗎？」

「工作要做得完美，不可以有錯誤。」

「嗯！還有呢？」

「一定要成為大家的依靠。」

課長露出之前從未看過的溫柔表情。

「和以前的我很像呢！岡村小姐昨天下午好像也幫了夏峰小姐做統計吧！然後代替望月出席會議。」

她怎麼知道的？我明明一句話也沒說啊！

「自己的工作明明那麼多，還幫助周遭的人，這我給妳肯定。」

這是我第一次聽到她對我的肯定……

「謝謝妳。」

「可是照這樣下去，岡村小姐會越來越辛苦喔！」

這種事情我知道，那麼妳的意思是說明明有人需要我幫忙，卻要我棄之不顧，做自己的工作就好？

課長簡直就好像知道我在想什麼似地說：「我並不是要妳不要幫助同仁，我只是想說，岡村小姐有時必須捨棄自身想像該有的姿態，否則會很辛苦。」

「怎麼……該怎麼捨棄呢？捨棄自己想像該有的姿態是什麼意思？」

「本來我就不是完美的，要幫上每個人的忙也是不可能的——想通這一點，我就決定要捨棄那個大家公認完美、而且是救世主的自己。」

「有辦法把自己非這樣不可的姿態丟掉嗎？」

「我也是女性，以前我也抱持過這樣的理想，不允許失誤，一定得提升績效，一定要獲得下屬的信賴，簡直就像電視上出現的女性主管。但是最後我才發現，我被這個理想的形象折磨得很痛苦。」

「……」

「搭頭班電車上班，搭末班電車回家。為了不讓大家發現，早上在大家上班的時間先出去一會兒，然後再回公司像是剛進公司的樣子。這都是為了在時間之內提升績效的理想形象。」

「和現在的妳完全不一樣呢！」

我不小心說出了真心話。

「嗯！直到我失去了很重要的東西後我才察覺到。」

課長對我露出簡直就像是朋友的笑容，但是感覺起來又有點寂寞。

重要的東西？我正想著是什麼東西的時候，課長繼續說：「我想持有自己該有的姿態是無可厚非的，不過丟掉讓自己痛苦的自我形象如何？要不要一起試試改變自我形象呢？妳會變得很輕鬆喔！」

我久久無法言語。

「選擇和集中」的技術 7

# 如何找到「理想」的自我形象

## 上司和公司對你要求的是什麼

有時我會想，是不是成為了理想中的那個自己？

那是在街上看到新進職員的時候，還有小學生上學的時候，我會思考那時候的我對「我」是怎麼想的。

「公事籃演練」評價這個意識為「當事者的意識」。這也是「**察知自己本身被要求的是什麼」的能力**。例如做為公司的一員，察知被寄予怎樣的期待，上司要求的是什麼樣的能力。

想想看，你能不能明確回答上司或公司對你的要求？

在研習時，我問過學員們同樣的問題，結果很多人都說很清楚上面對自己的要求。

但是向他們的上司徵求意見時，往往發現大部分的人沒有認清上面對自己的要求。也就是說，很少人能夠把握真正被要求的東西。

這個代溝是從何而來？那是自身認為的自我形象和上司對你要求的形象有所不同而產生的。

## 為「應該這樣」而苦的時候

我們每個人都擁有自己理想的形象，這是很棒的一件事。

擁有理想的形象，可以慢慢接近理想的實際狀態。

我曾擁有想成為公司經營者的理想，然後現在就如理想中地成為公司經營者。幾年前聽我上課的學員跟我說，自己也想成為講師幫助他人，那位學員現在也獨立成為講師，這都歸功於「理想的形象」。

反之，有時我們會因為該有的自我形象而受苦。

例如做為「公事籃演練」的推廣者，一定要隨時保持冷靜，不能做錯誤的判斷的自我形象，或是每次都要給讀者新的驚奇或是提醒的自我形象。

雖然接近完美的自我形象是必要的，但適時的放棄也不可或缺。例如認為一定要成為完美上司的人，只要捨棄滿分的自我形象，做好及格分數的自我形象就好。

如果製造出了超過自己承擔能力的自我形象，那麼就會成為「覺得需要的自我形象」。

「覺得需要的自我形象」會浪費很多沒必要的時間與精力，最後辛苦的只是自己。思考「為什麼無法變成理想的自己」是一件痛苦的事情，所以把「覺得需要的理想形象」丟掉吧！

然後將力量投注在「必要的自我形象」。

必要的自我形象，是指**以周遭要求的自我形象為基礎所締造的自我形象**。

讓人出乎意料的是我們的自我形象，和周圍要求的自我形象或是客觀來看的自我形象通常會有很大的差異。

## 如何正確了解周圍所要求的自己

以前有個喜歡在辦公室吹口哨的下屬，因為引起周遭的不滿，於是我找他進行面談。我問他為什麼要在辦公室裡吹口哨，他說是因為在某部電影看到外國演員事情進行得很順利的時候會吹口哨，他覺得這個行為很帥，所以開始學著吹起口哨。但是他並不知道因為吹口哨而被周邊的人討厭。

這只有他而已嗎？

身為社長，我也有自認的社長形象。不過那不是我自己深思熟慮之下思考出來的形象，而是以某個人為形象，想像「如果能夠成為這樣的人就好了」的形象。因此即使自己抱持的是像個首領堅定不移的社長形象，若周圍的人覺得我是個爽朗、很民主的社長，那麼就會產生差距。

每個人都有自己的人格，不是他人的複製品，在這個世界上只有一個自己。不知道大家有沒有聽過「周哈里窗」（Johari Window）這個語詞？

這是將自己和他人設為縱、橫軸，表現出看得見的部分與看不見的部分。根據「周哈里窗」，可得知自己知道的部分只有一點點，而只有他人才知道的部分卻很多。

## 周哈里窗

| | 自己知道的自己 | 自己不知道的自己 |
|---|---|---|
| 別人知道的自己 | **開放的窗**<br>自己和別人都知道的自己 | **盲點的窗**<br>別人知道，<br>但是自己不知道的自己 |
| 別人不知道的自己 | **祕密的窗**<br>自己知道，<br>但是別人不知道的自己 | **未知的窗**<br>自己和別人<br>不知道的自己 |

這個「周哈里窗」若按本書的說法，為了將自己思考的領域擴大，和周圍商量自己思考的事情，或是反過來問對方希望的是什麼，就可以正確了解周圍期待的自己。為了達到這個目的，要提起勇氣取得反饋，這麼一來，就能去除「覺得需要的自我形象」。

## 來建立新的自我形象吧！

一旦捨棄「覺得需要的自我形象」，就能看到真正的你。自己的目標是什麼、為什麼感到高興，想為了什麼活下去？可以藉這個機會，重新塑造自己的形象。

這麼一來，原本朝著永無止境沙漠前進的你，就有機會把方向轉向有水流的綠洲。

換句話說，現在你認定的自我形象，只是僅僅掌握到你自身的一部分而已。捨棄要成為什麼人的心情，才有辦法塑造獨創的自我形象。為了獲得真正的自我形象，就需要提起勇氣去捨棄目前自認的自我形象。

如此一來，就有可能捨棄肩負的無謂負擔。

⋮

### 推薦的捨棄法

- 向這個星期在一起時間最長的三個人採訪有關「自己」。
  知道別人眼中的自己，然後再次思考「自己」。

……

**捨棄的好處**

●藉由發現別人期待的自己和想成為的自己一致的地方，可變成真正理想中的自己。

# CHAPTER8 · 捨棄立場
# 這麼做，就能期待解決問題

## ：STORY 8：岡村小姐的變化讓人吃驚

我是主任望月。

上回岡村小姐免費加班的問題，身為主任的我也受到了課長的嚴厲指責。的確，看到違反規則卻裝作沒看到，做為一個主任真的不及格。

之後不知道是吹了什麼風，岡村小姐開始準時下班。

雖然很讓人吃驚，岡村小姐無法準時下班的時候也開始登記加班。為什麼會吃驚，那是因為到目前為止，岡村小姐幾乎沒有登記過加班。推翻自己加班是無能的人才會登記的說法，還跑來問我怎麼填寫加班申請書，不由得讓人覺得改變工作方式原來是這樣。

不知道課長是怎麼跟岡村小姐說的。

## 我沒有辦法再繼續下去

午休也結束了，早一點回工廠吧！開車等紅綠燈的時候，咦？和夏峰在一起的……喔！那不是八木嗎？什麼嘛！一起吃午飯嗎？不過在離公司這麼遠的咖啡店還真是稀奇啊！

我純粹因為感到好奇，把車子停在店前，下了車正想跟他們打招呼的時候……啊！等一下！夏峰在哭耶！

總覺得氣氛有些不對勁，要不要去看看啊？但想到這是私人的事情，我就假裝沒看見便回到了工廠。

下午的時候，夏峰和八木和平常一樣在工作。

什麼嘛！難倒是我看錯了？沒事最好。正打算站起來去影印新櫃子的估價單時，夏峰從後面追了過來。

「望月主任，我有點事情想跟您商量。」

咦？難不成是剛才在咖啡店的事……

我馬上把夏峰帶到餐廳聽她說話。

據說八木因為夏峰是專務的女兒，希望她能替他說話，讓自己能一直待在這個工廠工作。而夏峰因為自己是專務的女兒，動不動就被八木說些有的沒的，因此感到很有壓力，為了這件事情才和八木發生了爭執。

「八木說因為我是專務的女兒，才能在這裡工作，我的水準根本不能進這家公司。我頭腦的確不好，但也經過正式的甄選，我一點都不覺得我是因為有門路才進來的。」

「當然，確實沒錯。」

「如果再一直說我是專務的女兒，我想我沒有辦法在這裡繼續待下去了！」

「別這樣，夏峰，不要那麼急著下結論好嗎？」

糟了，糟了，負責教育夏峰的是我，去年的新進社員也辭職了。如果夏峰在這個節骨眼也辭職的話，身為教育長官的我豈不是什麼立場都沒了。

「我知道了，我會找八木談談。那麼就暫時交給我好嗎？」

暫且先把場面緩下來再說。

不過真的很傷腦筋，八木年紀比我還大，以我年紀較小的立場，實在很難說出嚴厲的話。

對了，讓課長替我說好了。不對，那也不行，我是主任，依我的立場得由我來搞定。

暫時先放著再說吧！或許時間能夠解決一切。

## 捨去立場說話……

幾天後，我被課長叫去。

是因為夏峰的事情。

「望月先生為什麼沒有處理呢？她搞不好真的會辭職喔！」

「她跟課長說了嗎？為什麼？」

「她跟我說你一點動靜都沒有。」

咦？真的還假的……原以為放著自然會沒事。

「原來如此，對不起。那麼夏峰真的要辭職嗎？」

「她說暫時考慮看看。確實我能了解她的心情，但是為了這些事情動不動就要辭職的話，以後也是一樣，因為她是專務女兒這件事永遠也不會改變。」

「但是如果真的辭職的話，課長的立場不就……」

結果課長搖了搖頭。

「與其說是課長的立場，還不如說是以同樣上班女性的立場給她建議。」
「原來如此。那您也跟八木說了嗎？」
「接下來會跟他說，你能幫我說嗎？」
「咦？不！好的，我知道了。」
課長看我臉色變了便說：
「有什麼問題嗎？」
什麼問題，該怎麼跟八木說才好。我年紀比他小，而且他是一直協助我的立場……
「要我跟八木說嚴厲的話很難，老實說，我的年紀比他小，而且他是法務規則的專家。」
「那你要放著不管囉？」
「不是，我知道這次的事情相當嚴重，我一定得告訴他去考慮別人的心情。」
「那麼，就讓你說吧！」
「話雖這麼說，但是我年紀比他小。」
課長很認真的盯著我說：
「那麼就捨棄立場和八木說說看，這樣的話或許對方能夠了解。」

「捨棄立場嗎？」

「嗯！捨棄立場的話，望月先生的想法就會合乎道理，而且沒有錯誤。」

捨棄立場……結果我是被立場搞得團團轉而錯失重要的東西嗎？

「選擇與集中」的技術 8

# 什麼是最重要的立場？

## 立場會損害正常的判斷

人都有立場，例如職務的立場、公司的立場，私人方面也有父母的立場、管委會職務的立場……等等，要數的話實在有不少的立場。

思考自己的立場，在「公事籃演練」則評價為「當事者意識」。在前面也提過，當事者意識是認識自己的任務，並做主體判斷的意識。

實際上，這個意識雖然需要有某程度的發揮，但是如果發揮過度，就會像前述的岡村小姐一樣，把工作全部攬在自己身上，還有像是這次望月主任因為重視立場，錯失了判斷的時機，或是做了錯誤的判斷。

這也是妨礙活用組織或是委託工作等行動的原因。

明明在沒有立場的狀態，也就是說如果是客觀的立場，就能做正常的判斷。卻因為拘泥在立場的利害關係而做出錯誤的判斷，像這樣的例子，從大企業的食品造假或不良品發生時的應對等新聞都看得到。

本來首先應該判斷的是顧客的安全，卻為了守住自己的立場，以公司或是部門的立場來做判斷。

這叫做「覺得需要的立場」。一定要維護立場，一定要做這樣的判斷不可。會這麼想，就立場來說並沒有錯，不過要是太過強烈的話，就會偏向以自己的立場為最優先的想法，也就是維護立場的想法。

## 要推薦「會賺錢的商品」，還是「合適的商品」

我在超市賣場擔任經理時，也曾經被這個立場而左右為難。那是在客人問我哪個商品比較好的時候。

因為是賣東西的立場，希望銷售額好，也希望能獲得做為經理的利益，立場就變成把較高利益的商品賣給客人。

但是一方面，在詢問客人如何使用商品和需求之後，發現其實對方並不需要那麼貴的東西。這時候該如何下判斷呢？

我把賣者的立場放優先，推薦了昂貴的商品。就立場來說，我想是個妥當的判斷，但是之後會有罪惡感，因為客觀來看感覺很不道德。

從此之後，我做了捨棄立場的判斷，也就是說，有時候我也會問要買昂貴商品的客人，是不是真的有這個必要。雖然不知道哪個是正確的判斷，但是我感覺到自己的想法是最正確的。

直到現在，我們公司對於在網路上購買「公事籃演練」教材的客人，如果判斷那位客人應該用不到，就會建議他取消訂購。

當然，把立場置之度外來做判斷，偶爾也會有誤判的時候，因此希望能考慮立場上的判斷和自己本身判斷的比率。例如當時只優先考慮立場的話，那麼就希望能提起勇氣捨棄立場。

## 如果沒有立場的話，會採取怎樣的行動

那麼真正必要的立場是什麼？

那是**做為一個人的想法**。

捨棄立場的話，就能產生做為一個人的想法。

什麼是重要的，現在的判斷和自己的想法有什麼不同？如果沒有立場的話，會採取什麼樣的行動？

藉由思考這些事情，就能產生你做為一個人的想法，在這樣的想法下產生的立場才是「必要的立場」。

將更多思考的比重移到「必要的立場」會發生的事情，你就會變得很輕鬆。

不論是監視下屬的主管，還是看起來很有自信的前輩，害怕的東西還是會害怕，不知道的東西還是不知道。

要是被立場這件事弄得自己動彈不得的話，可以捨棄立場；偶爾放開立場，暫時放下任務或是委託他人，當然承認失敗也是很重要的。

藉由捨棄立場，**才能站在對方的立場**。

特別是利害關係對立的立場，往往會以自己的立場來思考事物。此時唯有捨

棄立場才能站在對方的立場思考，就能產生妥協點和新的提案。

總之，捨棄立場可以解決至今無法解決的問題，或避免重大錯誤的判斷。因此希望大家不要一直去堅持自己的立場，而是盡量站在客觀且主體的角度。

∴

## 推薦的捨棄法

- 判斷時將在立場上的判斷與自己本身的判斷拿出來做比較。

∴

## 捨棄的好處

- 日後不會後悔。
- 能站在對方的立場思考。

CHAPTER9・把收到的東西丟掉

# 「丟掉東西，收下心意」的勇氣

## ：STORY 9：我心領就好

我是夏峰。

我曾經想過要不要辭職，但是和課長談過之後，我覺得自己先投降也不好，於是改變主意再努力看看。

雖然我很討厭被認為是因為父親的關係才能得到這份工作，不過因為這樣被打敗我也不喜歡，課長也說了八木，之後就沒事了。

時間是下午二點，想睡覺的時間。

望月主任出差回來了。什麼都要研習，差不多該出人頭地了吧！雖然有點不可靠，但是感覺起來像是哥哥，如果望月主任要離開的話，還真讓人難過呢！想到這裡就讓人心情低落。

望月主任還買了一些土產回來。

是什麼呢？我很期待地往八木先生打開的盒子裡瞧。

咦？溫泉饅頭啊！只可惜我現在正在減肥，而且看起來似乎不是很好吃。

啊！我有兩個嗎？真的還假的？只好暫且露出笑臉點頭答謝。

「謝謝。哇！看起來真好吃。」

怎麼看都像是到處買得到的饅頭，而且乾巴巴的……

「那麼再給妳一個，來！」

經我這麼一說，又有一個包著白色和紙的饅頭，「砰！」地一聲落在我桌上。

唉喲！又多了一個！

我對著三個饅頭乾瞪眼，這該怎麼辦？勉強吃下去嗎……

昨天還特別忍耐不吃草莓蛋糕呢！

望月主任走向課長的位子。

「課長，這是我帶回來的土產，要不要來一點？」

「啊？饅頭呀！可是我在控制飲食，我心領就好。」

我被嚇得目瞪口呆，人家特地買來的土產，課長竟然當面拒絕，望月主任真可憐。

我伸長脖子注視著隔兩個位子的課長席。

望月主任雖然有點吃驚，卻很乾脆地說：「我知道了，您在減肥嗎？那我就放在冰箱裡，想吃的時候請自行取用。」

「謝謝你。」

望月把拿在手裡的饅頭放回盒子，消失在茶水間。

看到這幅光景時我在想，如果我和課長做同樣的回答就好了。

但是課長為什麼能夠那麼乾脆地拒絕呢？很意外的是，即使被拒絕也感覺不出望月主任不愉快呀……

想著想著，當視線回到我桌子上時，上面印著溫泉標誌的三個饅頭好似排成一排對著我看。

「選擇和集中」的技術 9

# 真正要接受的是什麼？

## 丟了不好意思，如果知道被丟了就糟糕了

前些日子有國外的客人來訪，還送了我很珍稀的紅茶，感覺像是很貴的紅茶。

雖然很感謝地收了下來，實際上我不太喝紅茶，也沒有泡紅茶的茶具。

「該怎麼辦才好？」我想了想。

我下的判斷是送給別人。

雖說如此，總覺得好像是丟了人家送的東西，心裡有點罪惡感。

不過換個想法，與其勉強把茶具湊齊，去喝自己不怎麼喜歡的紅茶，不僅對方不會高興，對我來說，準備茶具的時間和花費等等，失去的東西會更多。

或許你會說：「放著的話總有一天會喝。」但我想我應該不會喝，放到過期

也不是辦法，還是處理掉吧！

結果就是捨棄。

總之這就是「覺得需要的禮物」。「覺得需要的禮物」就是如果送禮的人知道自己的禮物被丟掉了，會覺得很不好意思，只好暫時收起來放著的想法。

反之，回禮這個習慣也是，有的人是真的帶著感謝的心意，但也有人是因為不回不行的義務感，或「如果不回禮的話不知對方會怎麼想」的恐懼心理所做的形式。

但是真正需要的不是這種形式上的儀式，應該有更需要珍惜的東西才對。

## 什麼是「必要的禮物」？

能不能這樣思考？

我們該領受的是什麼？收到禮物時的**體認**、**愛情**、**驚喜**、**對方的體貼**，我們領受的不是這些嗎？

因為我和出版社的人常有來往，經常會收到公關樣書，雖然沒有辦法全部讀完，但是從書上我得到很多各式各樣的體認，以及有什麼書在流行的情報。有些書是自己以往不會選擇的類型，讀完後卻給了我很大的啟示。雖說如此，這些書我會好好保存下來嗎？不會，其實很多書都會被我處理掉。

也就是說，與其感謝領受的東西本體，還不如感謝送禮者的心意或得到的東西是不是比較好呢？

實際上，我們收到的不僅是實體的禮物，例如前輩傳授的工作方法、朋友分享美味餐廳的情報、父母教導的思考方法，很多都是周遭的人給我們的。

這些也是一樣，有時需要捨棄的勇氣。

**捨棄能讓力量傾注在本來必要該做的事情**。如果能將力量集中在如何回報送禮者的心意，那麼就可以把願望的禮物變成「必要的禮物」。

必要的禮物是你認為的「心意」，其手段就是眼前的贈禮。因此你該做的不是保管沒必要的東西，而是直接向對方表示感謝的行動。

認為收下來就一定要好好保管的本質，不就是打從內心感謝對方為我們著想嗎？只要好好珍惜這份心情就行了。

對於對方的心意，自己該如何去對待，希望能把精力集中在這裡。

這麼一來就能站在對方的立場，來思考對方的事情。

能夠做為回報的，並不光是形式上的東西，可以寫一封親筆信，或是言語上的感謝也行。如果能夠集中站在對方的立場加強人際關係，那麼就會有所收穫。

## 不丟也行的小訣竅

即使如此，有人還是會覺得把禮物丟掉會有罪惡感，也有人對於拒絕禮物會感到猶豫。

既然要拿，就要拿必要的東西吧！在這裡教大家一個方法。

讓我們繼續前面提到的紅茶。知道那位客人近日又要來訪，我預先要求了禮物，我告訴對方，其實我比較想要的是英國的啤酒。既然專程要買東西給我，我想讓對方知道我想要的東西會比較好。

總之，就是預先告訴對方情報的行動。這個在「公事籃演練」稱為「調整力」，如果說是事前疏通就更好了解了。

即使是這樣的情況，也別忘了真正拿到的不是形式上的東西，而是心意。

### ・・・推薦的捨棄法

● 如果是自己的話會掏錢出來買嗎？如此來判斷。

### ・・・丟棄的好處

● 可以獲得站在對方的立場，思考該如何回禮、回什麼好的機會。

● 可以把自己的時間或資金真正集中在必要的地方。

## CHAPTER10・丟掉失敗

# 把心理的陰影變成挑戰的勇氣

### ：STORY 10：能做想做的事

我是八木。

課長就任已經過了二個月。

雖然時間過得很快，從製造部和採購部的人那裡聽到總務課變了，不論是部門內整理的狀況、工作的態度，還有工作的程序都變好了。

被有色眼光看待的高杉課長，也開始獲得肯定。

實際上不只是總務課，工廠全體的經費在上個月總算是落實在預算之內。首先由總務課開始實施的各項政策，也慢慢擴展到其他部門。

特別是消耗品和事務用品的費用，竟然減少了二〇%。像是課長在會議不用紙張，其他部屬受其影響也開始實施。影印機雖然是用租的，但租金也減少了一半。還有木材加工用的工具，到目前為止是一人一套，也變成了大家共有。雖然要師傅們理解接受花了不少工夫，就好像課長對我們一樣，她以毅然的態度很有邏輯地分析給他們聽，並且向他們保證，如果效果沒有改善，就恢復原先的狀態。

結果光是看數字，二〇％雖然是很恐怖的數字，但是周遭的人也沒什麼怨言。

我的工作狀況也有了大幅改變，檢查和統計的工作減少了很多，多出來的時間，便能用在尋找可削減的經費等工作上。

雖然這是以前就想做的事情，現在終於能做了。

我接受了高杉課長數次的指導。

夏峰小姐的事情也是……

因為目前這個工廠的狀況是赤字，如果一直照這樣下去，人員會進一步被裁減。由我這個總務課的人來看，製造部門已經沒有裁減人員的餘地，如此一來很明顯看得出來，就得從我們總務課等行政部門來裁減。那麼在考慮總務課該裁減誰的時候，岡村小姐是個活字典，望月很受廠長的喜愛，夏峰又是專務的女兒……這麼一來，那個該被裁減的人不就是我嗎？

我已經不想回去總公司了，無論如何我一定要想辦法留在這裡才行！我已經告訴課長好幾次我的想法，但是因為課長就是那種個性，我想或許沒有斟酌的餘地吧！

最近只要是被課長叫過去，我都會擔心是不是要發布人事調動的消息。

夏峰小姐走過來，用明亮的聲音跟我說：「八木先生，課長叫你喔！」

「喔，在哪裡？」

「會議室。」

該來的還是來了，會約我在另外的房間，恐怕是非正式提示人事調動吧！

## 因為重大的挫敗……

我倒抽了一口氣，踩著沉重的腳步，拿著筆記走向會議室。

課長手裡拿著一張紙等著我進去，的確是像調動的樣子。

我坐了下來，整個腦子裡亂糟糟的。

課長一臉正經的把手上那張紙遞給我。

嗯？嗯嗯？嗯嗯嗯？

「大里小學工作體驗……這是什麼啊？」

這不是每年地方小學舉辦的工廠教學參觀嗎？

「當天的導覽員就拜託八木先生囉！」

課長滿面的笑容。不過這很傷腦筋，我很不會跟小孩子相處，再說這原本不是望月先生的工作嗎？

「課長很抱歉，我沒辦法，因為我有每天的業務，再說按照慣例，拜託望月先生不是比較好嗎？」

我毫不遲疑地告訴課長，很意外的是課長沉下臉跟我說：「當天望月要到總公司出差，所以這次要拜託八木先生。」

「謝謝您的好意，但是我對這樣的工作覺得很棘手，找夏峰小姐如何？」

「是嗎？我知道了，但是能不能告訴我為什麼棘手？」

「為什麼棘手，那是因為……」

實際上直至二年前為止，承辦小學參觀活動是我的工作，但是前年我遭遇了重大的挫敗。

某個小學生嘲笑我像某個演藝人員，因為我的回應過於嚴肅，結果那個小孩就被我弄哭了。其他小學生也跟著怕起我來，反正到最後弄得很慘，所以我再也不想應付小孩子。

我很老實地把這件事告訴課長。

「總之，就是搞不好會失敗所以不想做，對吧？」

我只能點點頭。

「原來如此。不過這次應該會很順利，如果是因為曾經失敗就逃避的話，如此一來豈不是永遠只有失敗的經驗。」

「我只是覺得失敗的機率很高，所以不想做。」

「難道你無法將失敗的經驗丟掉嗎？」

把失敗的經驗丟掉？這種事情辦得到嗎？

# 因為「失敗」而害怕前進嗎？

## 恐怖和後悔在扯後腿

遇過失敗後，即使外表看起來已經恢復，卻會在人們心中留下陰影。

我曾經在國外的機場遭遇沒趕上飛機的挫敗，雖然好不容易搭上別的班機抵達目的地，但是自己在機場驚慌失措的模樣，直到現在仍歷歷在目。

之後，我會盡可能提早到機場，但是那時造成的陰影總是讓我過早到機場，只因為我不想再犯同樣的錯誤。我深切體會到，我不想再次經歷同樣的挫敗，也不想遭遇那樣的現場。

失敗是為了避免下次的失敗。因此，發現失敗的原因後，改變自己的行動是非常重要的。但是若因失敗造成內心的陰影，而無法邁向新的道路，那麼就會變成阻礙成功的原因。

只是懊悔為什麼失敗，而不去思考下一步該怎麼走；或是對失敗太過恐懼，本來可以正常判斷的事情，就會變得無法判斷，這就叫做「覺得需要的失敗」，一味不想失敗的失敗，以及想要遠離失敗這保身的失敗。

我在做「公事籃演練」的回答時，和學員的行動看到這樣的案例。

例如在設定優先順位之際，有人會把別人看起來覺得不可思議的案件優先排在前面。雖然這也和那個人的價值觀有關，但也有因為過去的失敗而內心陰影造成的習慣。

我有位學員在剛進公司的時候，原本打算影印二十份，卻不小心印成二百份，結果被上司責罵，於是以後使用影印機時，都會小心翼翼確認影印機的設定，甚至小心過了頭。

即使現在當了幹部，對影印機還是會有過度反應。自己影印的時候，就算要花很長的的時間，也絕對不會離開影印機。就旁人來看，會覺得認真站在影印機前十分鐘的幹部，是在做不適合職位的工作。

總之，**如果念念不忘失敗這個現象，反而無法提升成果或是導致犯別的錯誤**。因此希望大家**將精力放在超越失敗**而不是害怕失敗上，這就是「必要的失敗」。

## 把失敗當作資源的生活方式

提起勇氣丟掉失敗的經驗，可以產生新的時間、精力和挑戰新事物的勇氣。一旦超越失敗，失敗就能成為資源。

我們公司每天早上會進行一分鐘的演講，這是自主訓練而非規定，為了讓不擅長在眾人面前說話的員工有個練習說話的場合而設定的。聽著聽著，可以感覺到這些人慢慢在進步。

該怎麼做才可以不要重複同樣的失敗，如果能把精力投注在嘗試數個不同的方法，那麼就可以成為力量並帶來自信。

對於曾經被拒絕的人，不要一味用同樣的方法接近，可以試著用其他不同的方法，至少嘗試三次看看，如果還是不行的話再放棄即可。

現在進行各種的挑戰，將會增添你更多的選項，來超越日後可能會發生的種種狀況。

### ▪▪▪ 推薦的捨棄法

- 每經一次失敗，就改變一個行動。
- 持續行動，忘記過去的失敗。

### ▪▪▪ 捨棄的好處

- 捨棄對失敗的恐懼，能產生克服失敗的挑戰力。

## CHAPTER11 · 丟掉膨脹的企畫

# 「很有趣」之外，也要思考企畫的原點

### ：STORY 11：雖然很麻煩，但是想成功

我是夏峰。

大里小學的工作體驗日就快到了。

當天是由八木先生擔任當天的導覽員。原本那麼討厭這項工作的他，最後竟然答應了，我想是不是課長告訴他如果不做的話就要調動。

雖然是由八木先生接待當天的小學生，但是事前安排和協商是由我負責。這個工作以往是由岡村小姐擔任，這回課長交代給我。以前岡村小姐一直說這是她的工作，沒想到她會如此乾脆地轉交給我。

自從課長到我們課裡就任以來，改變最大的或許是岡村小姐。

聽了岡村小姐說明的接待內容，老實說我覺得這是一件很麻煩的差事。

為了做好接待的準備，我們除了要開會決定企畫的負責人、接待人數、日程、分配作業人數……等等，還有為了不讓小朋友誤解，負責人的教育訓練、攝影場地等事前的討論，光是待確認的項目就有六十項以上。

但是我喜歡這個工作。這個教學參觀或許會改變小孩子的職業觀，說不定會有小孩想進我們公司吧！只要這麼一想，我就很希望能夠成功，希望能做出讓小朋友對工作更感興趣的企畫。

因此在總務課又開了如何使企畫更完善的會議。

成員是我和主任、岡村小姐以及八木先生，課長因為開會，說晚一點再參加。

## 「不錯耶，這也很有趣耶」

「主要是現場實習，其他還有什麼會讓小學生感到興趣的？」

主任打開筆記說道。

「就上次的檢討會，有提到他們對於本公司沒有充分理解。」

八木一邊看著檔案提出意見的同時，岡村小姐的眼睛為之一亮。

「等一下！這樣的話，剛好現在正在進行防範性騷擾的教育，把這個跟學生分享不就好了？」

「啊！蠻有趣的，真不愧是前輩。」

我稍微捧了一下岡村小姐，八木先生也不服輸地說：

「那麼，放映公司教育用的錄影帶如何？如果取得總公司的許可，就能使用。」

「那個錄影帶對小學生來說會不會太沉悶了一點？」

主任一邊交替按著黑色和紅色原子筆芯，一邊說道。

我突然靈機一動。

「對了！那麼要不要演戲，像短劇那樣，這樣就很容易說明性騷擾。」

「喔！這個好耶！真不愧是夏峰小姐，點子真多啊！」

「那麼我來寫劇本好了，以前我在高中時代曾經立志要當個小說家呢！」

雖然八木先生舉起了手，但是他真的能寫劇本嗎？

## 該集中在哪裡？

點著頭的岡村小姐好像想到什麼很大聲地說：「啊！對了，那麼要不要順便說明防災訓練？學校不是很注重防災意識嗎？讓他們知道公司也很努力從事防災不是很好嗎？」

「的確。」

雖然我嘴上這麼說，但是心裡想著，有做到這個地步的必要嗎？便把視線移向主任。

「防災嗎？嗯！加進一點這樣的內容或許不錯。」

八木先生拿出當天的行程表，更改預定。

「這樣的話，就是把二小時的工作體驗縮短為九十分鐘，然後防範性騷擾宣導六十分鐘，防災三十分鐘，順便讓主任跟大家解釋一下總務的工作。」

「嗯！有這麼多活動，應該很感動才對。」

岡村小姐神氣十足地說道。

四人定好作業企畫的時候，課長剛好回來，於是我就向課長報告會議的經過。

結果和我想的正好相反，課長面帶難色，坐在椅子上看著計畫表說：「雖然不是要否定你們的構想，但是已經遠遠偏離了企畫的概念。」

「咦？」

「這個工作體驗的概念是什麼？」

「透過工作體驗，讓小學生了解工作的意義、樂趣和價值。」

「那麼為什麼把工作體驗的時間縮短一半，還加了不是基本概念的性騷擾宣導、總務課的工作和防災呢？」

「我想讓小朋友們知道更多的事情，對他們會有幫助。」

「要不要再回到原點看看？是不是可以看出本來該做的事情被刪減，然後添加了一些其他的事情。還有去年的工作體驗，在檢討的時候也有寫到準備不夠充分不是嗎？既然如此，不覺得增加新的企畫不會很勉強？如果是我有這些力氣的話，我會集中在本來該做的事情上面。」

課長的話很有力，我們四人只能盯著桌上的計畫表看。

課長最後留下一句：「你們再檢討一次。」便逕行離去。

# 那個構想是否符合中心概念？

## 一家我喜歡的酒吧關門了

能讓大家心情平靜的場所是怎樣的場所？

就如同前面提到的，我喜歡酒吧，因為酒吧能讓我心情平靜。出差時，我也很喜歡尋找當地的酒吧，不過很意外的是很多酒店會關門。在前面提到我常去的一家店關門了，很遺憾的是，在出差的地方我很喜歡的另一家也關門了。一開始是一家以大麥威士忌為賣點的店家，寧靜又富懷舊的氛圍。

那家店開始發生變化，大約是在開張一年以後，店裡有一天突然擺了二台觀看運動比賽的大型電視，於是大家變成一邊喝酒一邊看電視。

我想雖然那是為了客人而設置的，但是因為活動越來越多，只要一有活動就會更改營業時間，有時候甚至會不定時公休。

再加上菜單增加了單獨來訪的客人專用的定食，並且開始用臉書舉辦活動；有時候點了東西，因為老闆忙著做菜忘了上酒，或是有時會把臉書貼文放在優先等等。就在我開始感到不愉快的時候，店就關門了，原因是經營不善。店主說雖然嘗試了很多方法，結果還是不行。

## 「很有趣」很棒，但是不是離題了？

我的意思不是說什麼改變都不要做，只不過在進行新的事物或是擴張企畫時，要先好好考慮原先的初衷。

因為構想會無限擴大，如果只是因為一時興起就馬上做的話，那麼某些地方的力量就會被削弱。而那些被削弱的部分，很多是本來應該傾注精力的部分。

這些一時興起的構想叫做「覺得需要的構想」，最後會變成與目的、概念沒直接關係的妄想。反之，「必要的構想」是為了更加落實概念的構想。

我曾經在參與超市店鋪陳列設計時，深深體會到概念的重要性。

店鋪的陳列是根據該店的概念來決定的，例如貨架與貨架之間通路的寬度、貨架的高度、收銀台的配置、入口的布局……等等，都要視主要客層和購物的主題來做變化。

如果是以下班的上班族為對象，馬上可以買到想要的東西為概念的話，將購買率較高的商品集中在收銀機附近就很重要。

如果是讓客人在店內舒適享受購物的樂趣，那麼走道就會設計寬一點，商品的種類也會多一些，配合概念來做設計。

很多店長等到店一開張，就因為急著想提高銷售額，於是將前面提到專門針對忙碌上班族的陳列拆散，並將經常購買的商品放在門市偏內側的位置，前面再補一些能賣的東西，做了很多不符合概念的擴張。

結果整個概念瓦解，客人也越來越少了。

當事情變成這樣的狀況，實在是無計可施時，店長才察覺到。反過來說，之前因為覺得很好，越加越多卻不自知，實在是不可思議。

絞盡腦汁並不是為了把主旨瓦解掉，而是**為了讓概念更加洗練而傾注精力，這才是正確的方法**。

## 「必要的集中」是為了存活下去

我曾經到過東京御茶水的某家飯店。

那是一間洋溢古風的飯店，因為很受歡迎，房間非常難訂。不論是櫃檯、電梯還是酒吧，都保存著其他地方沒有的古老氛圍。或許這就是這間飯店的概念吧！

而且沒有因為老舊而疏於保養，工作人員打掃得很仔細，所以很乾淨整潔。或許他們也曾經想過要模仿其他飯店，導入最新的系統或是早餐採自助餐形式，但是最後刪除這些構想，恪守著必要的東西。

這就是為了存活下去必要的集中。

**概念是不能動搖的主軸**。若是換成人的話，也可以說是不可動搖的個性。要提升自己本身的價值，**就要在自己的主軸灌注更多的精力，那麼就能提升自己本身的品牌**。反之，如果被周遭的人撥弄得徘徊不定，那麼就會浪費時間過著沒有內容的人生。

我自己現在也在加強「公事籃演練」這個主軸，加強主軸能讓很多事情看得更清楚。

就讓我們一起加強自身的概念吧！

**‧‧‧推薦的捨棄法**

●在把膨脹的企畫付諸實現之前，計算要花多少的成本和精力，還有對本來的企畫有多少幫助，推測費用與效果是否成比例。

**‧‧‧捨棄的好處**

●不會動搖概念和主軸，可更迅速更確實達成目標。

# CHAPTER12．捨棄迎合對方

# 因為迎合別人而失去的東西

## ：STORY 12：削減經費的目標達成

我是望月。

最近狀況不錯，啊！我是說我自己。

我稍微實現了一些捨棄立場的想法，雖然還不是很充分，但是我發覺自己可以活得比較輕鬆自在。

以前總覺得被上面壓抑，被下面抵制，自己本身有「不完全燃燒」的感覺。不過捨棄立場之後，不！應該說是有了更珍惜自己的想法後，以往說不出口的話也敢說了。

業務方面，根據上個月的報表，工廠削減經費的目標已經達成了。

老實說，廠長自身無法達成的目標，課長才二個月就達成了，似乎很難堪，但是對工廠的經營上似乎也不是不好。

因為公司即將在八月實施期中結算，除了清點備品、確認資產折舊，還有總公司下達的提升生產力的措施對策，每天過著和廠內廠外折衝的日子。

## 無法做自己的工作

今天，我從公事包把手帳拿出來翻開。

我在上班前會先訂好一天的計畫。

今天是總務課期中結算的討論和徵人雜誌公司的協商。接下來還要聽岡村小姐對帳票管理系統有什麼需求……下午四點開始也要和課長的討論。

「望月，你不是說今天要問我什麼嗎？那是幾點啊？」

「岡村小姐早，是十一點。」

岡村小姐很抱歉似地說：

「對不起，不好意思能不能改到下午？因為上午有報告的事情。」

「這樣啊……那麼下午一點好嗎？」

「可以，不好意思，時間到了我會叫你。」

於是上午多出了空檔，那麼就先做其他雜事吧！下午的行程會變得很趕。

電話響了，我反射性地接了電話。

「啊？全能徵才公司，過去一直承蒙貴公司的照顧。咦？時間能不能改晚一點嗎？嗯……」

糟糕，下午四點要和課長開會，雖然很想和全能徵才公司好好討論明年的計畫，看來下次再來討論好了。

「我知道了。那麼下午三點半好嗎？可以嗎？那麼我等候大駕光臨。」

此時夏峰小姐走了過來。

「主任，小學的企畫書已經整理好了，能夠幫我確認一下嗎？」

是那個八木先生擔任導覽員的企畫吧？

「好啊！我上午有空可以幫妳看看。」

「可是我還沒完全弄好耶！下午二點左右應該可以給你。」

喂喂！如果是現在可以馬上幫妳看，真拿妳沒辦法。

「下午我的時間很……唉！算了，我知道了，什麼時候得看完？」

「希望啦！真的只是希望……明天一早可以給我嗎？」

「明天一早！是今天看完的意思嗎？真讓人頭大。我知道了，我會幫妳看。」

「真不愧是主任，謝謝你。」

說完夏峰一臉輕鬆地回到座位，不知道為什麼總覺得很羨慕。

接著八木先生喊了我一聲。

「望月先生，生產管理的多田先生來電，四線。」

「喂，我是總務課的望月，是的……咦？」

說是時間空了出來，明天的會議能不能改成今天？

「現在的話，喔！不！現在沒辦法……今天到下午六點為止全部排滿了，咦？下午六點嗎？嗯！可以是可以啦！」

放下電話後，我深深嘆了一口氣，這時候課長一臉笑容對我招手。

不會吧！難不成課長也要跟我改時間？

「望月先生，如果淨是配合對方的時間，會沒辦法做自己的事情喔！」

明明自己也很清楚的事情被這麼一說覺得很懊惱，但是該怎麼辦才好呢？問問看，不知課長會怎麼回答。

## 你沒有失去什麼嗎？

「因為有時候自己也會拜託對方……」

「所以就迎合對方嗎？」

「嗯！總覺得不配合的話也很奇怪。」

「我想配合對方也是可以。不過，你沒有因為配合對方而失去什麼嗎？」

失去什麼？時間嗎？不！看課長的眼神，應該不是那麼表面的東西。原本今天打算準時下班，去英文會話班上課，好久沒去了，結果還是去不成。還有，囤積的資料尚未整理，最近想跟工廠的製造部員工聊聊也沒辦法。

想著想著，課長給了我一句話。

「對吧！有失去的東西吧！」

的確是有。但是對方也有對方的安排，真讓人進退兩難啊！

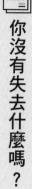

「選擇和集中」的技術 12

# 體貼很好，但計畫仍很重要

## 為什麼會想要迎合對方的時間？

既然專程要來和我見面，當然要盡量配合對方的時間。特別是看起來很忙碌，或是因為自己的請求讓對方騰出時間給你的時候，總是會想要站在對方的立場來安排行程。

不過很多人為了優先配合對方的時間，而過於犧牲自己的預訂行程。

因為我住在大阪，如果在東京有工作的協商或是出版社的討論時，通常會在數個月前調整行程。

這時候我會拜託對方在特定日期約在特定地點附近，在預定好的時間段內進行會議，而不是單純哪一天碰面而已。

這麼做或許會有點失禮，但若沒有這個指定來限制，就必須捨棄其他的行程。特別是遠距離的話，即使會面的時間只有一小時，也可能一天的時間就沒了。

雖然是幾個月以後的事，想法也是一樣，看到手帳上什麼都沒寫，似乎是空下來了；然而一旦把行程放進去，就好像拋下錨一樣，無法自由動彈。

反正都要去了，乾脆一口氣有效率地把工作做好，我會在這個部分傾注精力。

另一方面因為是強迫對方接受自己的時間其實頗為失禮，所以在電郵的文末一定會加上這一句：「請恕我不情之請，如果上述的時間不方便的話，請告訴我別客氣，我會再行調整。」

我曾經從擔任營業顧問的朋友那裡聽過這樣的事。

能獲得好成績的業務，一天會比平均多跑一倍以上的客戶。反之，無法提升業績的業務，一天只能跑平均一半的客戶。

雖然達到數目就能提升成果不是「公事籃演練」所推崇的，但是只能跑平均一半客戶的業務，其行程規畫的能力一定有問題。若追根究柢找尋問題的癥結所在，會發現有「完全配合對方時間」的想法。

這叫「覺得需要的行程」。

也就是以完全讓對方滿足為前提來調整時間。但是真正需要的是能夠提升業績的時間調整，這在「公事籃演練」上叫做「計畫組織力」。計畫組織力是為了提升成果，按照順序、更有效率地進行工作的力量。

## 自己的規畫最優先

如果完全被「覺得需要的行程」支配，慢慢地行程就會被破壞，也就無法取得很多的時間。例如上午十點拜訪客戶，下午三點拜訪客戶，像這樣來訂定行程，當天可以使用的時間就幾乎沒了。也就是說幾乎沒有進行或是完成其他事情的時間。

因此**不要一味把對方的時間放優先，把自己的時間放優先也是可以的**。如果對方無論如何只有那個時間才方便的話，那麼就有調整時間的必要。不過如果對方明明有調整時間的餘裕，卻還是讓自己立刻配合對方調整時間，這就變成「覺得需要的時間調整」。

不要把時間花在配合對方的時間上，**為了提升成果，要把力量集中在「必要的時間調整」**。這是把自己本來該做的事情，特別是長期重要的安排放在優先順序來訂定計畫。

與其把對方的時間放優先，還不如以把自己放優先為前提來安排時間，對自己而言是不是比較有意義呢？

你的時間是你的，不是別人的時間。如果過於將就別人的時間，就會無法去做自己真正想做的事情，還是避免這樣的悲劇發生吧！

更何況像是沒有充足的睡眠時間、沒辦法好好吃飯這種折磨自己的行動。

正因為如此，不要一味去迎合對方也是必要的。

▪ ▪ ▪

**推薦的捨棄法**

- 在日程表上，設定一〇％你不可剝奪的時間。
- 例如星期二的中午空出來，每月十日整個空出來。空出來的時間是為了去做真正該做的事情。

▪ ▪ ▪

**捨棄的好處**

- 充實行程的內容，能確保自己本身使用的時間。

CHAPTER13．捨棄虛榮心

# 停止誇大的瞬間，就能成長

## ：STORY 13：真是傷腦筋……

我是岡村。大家都說我變了，可是我自己沒什麼感覺。

不過就是改成先做看看，再來表示意見的模式。

雖然我還沒有完全接受課長，不過她是至今未曾見過的類型，我只不過是想學習看看而已，所以我並沒有什麼太大的改變。

就是這樣。嗯！不過有些事情很傷腦筋。

我現在正在學英語，學生時代也曾經到國外旅行，因為我是英文系畢業的，當時語言還算能通，雖然不像本地人那樣流利。

這下子工作得用到英語，為什麼會變成這樣，應該說是被拱上台的吧！

# 誰會說英語？

上個星期五，總務課在閒聊的時候，課長開完會回來，很罕見地嘆了一口氣。

課長盯著手帳對大家說：「下個月二十日，美國的旅行社會來工廠參觀。」

於是我問：「為什麼是美國的旅行社？」

「好像是因為社長的朋友在美國經營旅行社，對方洽詢能不能在美國遊客的旅遊行程當中，安排參觀我們公司的工廠。」

「那麼不是應該讓製造部負責嗎？」

「本來是如此。不過因為我們的工廠沒有對外公開，所以在參觀外觀和辦公室之後，會直接進會議室做簡單的製程說明……」

望月嘆了一口氣說：「那麼就變成我們做導覽員囉！」

八木也從旁邊插話。

「麻煩的事情都是推到我們總務課身上，這個習慣是不是該改了？」

此時非常有元氣的夏峰小姐問課長：「課長，那位客人會說日文嗎？」

課長搖著頭說：「不會，我正為這個傷腦筋。有誰會說英語？」

結果八木先生舉起手。

「我會說一點點。以前函授課程學過。」

函授課程？你以為這樣就能通嗎？我忍不住脫口而出。

「八木先生，函授課程是吧？可是沒有實際和外國人交談的經驗，會不會很困難？這可不是那麼簡單喔！因為我是英文系出身的，所以我很清楚。」

結果大家都把欽羨的眼光集中在我身上。

「啊？岡村小姐，妳是英文系出身的啊？」

慘了！雖然這麼想，但英文系出身是事實。

「嗯！就是去了幾趟國外。」

其實只有一次。

「喔？也去過美國嗎？」

因為望月這麼問，我只好這麼回答。

「嗯！我去了很多地方。」

實際上我只去過夏威夷，但是夏威夷也是算美國吧！

對於我受到大家的矚目，八木似乎有點感冒。

「不過怎麼說呢？我認為平常的英語會話和商務英語會話是不一樣的。」

「這個我很清楚，沒辦法用在商務的英語不就沒意義。」

聽我這麼一說，八木先生好像有點鬧彆扭似地低頭不語，而夏峰小姐則是以閃亮的眼神看著我。

「前輩真厲害，我好崇拜妳喔！會說英語真的好厲害啊！」

「沒什麼啦！」

「那麼能不能拜託岡村小姐呢？」

「我嗎？」

「很忙嗎？如果不方便的話請直說別客氣。」

「不會，沒關係，我想我可以的。」

就這樣，我接下了這份差事。

但是一般的英語會話和商務英語會話哪裡不一樣啊？

不管怎樣，能多說一個單字也好，不練習不行了。

「選擇與集中」的技術⑬

# 「時間」和「能量」要用來提升自己

## 不知道的事情可以說「不知道」

希望被人看好，希望被人尊敬，這種心情我想大家都有。我自己也是，與其被人輕蔑，當然希望別人對我有好印象，與其被人背後說壞話，更希望被人尊敬。為了提升自己，這樣的心情是必要的。但是如果這個心情超過實力，就會變成虛榮心，也會製造出虛偽的自己。

和朋友在閒聊時聊到熱門的景點，明明沒去過，卻說自己去過，明明不知道，卻說知道，不知道大家有沒有做過這樣的事？

然後接受朋友「哇！你知道啊！」尊敬的目光，是不是讓你感覺心情很好呢？

**會誇大自己的本質，是因為害怕被對方輕蔑**，這叫「覺得需要的成長」。明明沒有實力，卻只有表面上的成長，這就是所謂的**虛榮**。俗話說自知之明，我想按照自己的實力來行動或生活，對自己而言是最沒有壓力的生活方式。

**不知道的事情可以說不知道，沒體驗過的事情可以說沒經驗過**，真的沒有必要去誇大自己。

這種正確表現自己的力量在「公事籃演練」稱為「做人的技能」。

把勉強說謊去誇大自己的想法丟掉吧！即使他人沒有察覺到你的謊言，但是自己絕對騙不了自己，你會發現謊言只是加諸在自己身上而已。

## 小小的虛榮所引起的浪費

前些日子，以前參加讀書會的朋友來跟我商量有位顧問想出書的事，我突然覺得很不可思議。因為見面時，我聽本人說他已經出書了，原來誇說自己已經出書的事情似乎把他逼到絕境，搞不好他對周圍的人也是這麼說而下不了台。

為了圓這個謊，所花費的成本、時間以及精力我覺得都很浪費，而且個人的評價也會因此低落。

因此沒有必要誇大自己，也沒有必要用謊言來誇飾自己，人要捨棄「覺得需要的成長」才行。

如果無法全部捨棄，至少也應該要能夠察覺到，這至少會是捨棄的開始！這麼一來，就能慢慢學會捨棄。

## 不是「誇大」而是「長大」

捨棄「覺得需要的成長」，也就是面子、虛榮心，會有很多收穫。

如果你有下屬的話，對於下屬的報告，你會不會因為無謂的虛榮心說些：「這種事情我當然知道！」、「我以前也做過。」這樣的話？只要少說一句這樣的話，不僅可以從下屬身上取得自己無法到手的情報，也可以提高下屬的士氣。

而最大的收穫，就是得到讓自己成長的機會。

這就是你該集中力量的「必要的成長」。

你該傾注力量的不是誇大自己，而是如何讓自己成長。也就是說，**不要用言語誇飾自己，而是用行動來成就自己**。

若要提升自己，就得提升你對自身的評價，而非外界對你的評價，因為你最了解自己。即使周遭的人沒說什麼，你也要評價自己，這比讓別人看好你還重要，這樣的姿態就能帶來很多收穫。

如果有不知道的事情，就要虛心請教，捨棄不必要的虛榮心，**把花費在那裡的時間、精力以及壓力用來提升自己吧！**

將一切集中在成就自己，可以避免無謂的重擔，走向正確的人生。

**⋮推薦的捨棄法**

- 不知道的事情乾脆說不知道。
- 如果說不出口，那麼就附和對方，反正就是不要撒謊說自己知道。

**⋮捨棄的好處**

- 能夠獲得新的知識。
- 能夠獲得自我成長的機會。

# CHAPTER14・捨棄私情

# 「正確的判斷」從這裡開始

## ：STORY 14：北海道工廠關閉

我是望月。

課長就任以來已經過了四個月。

因為公司整體銷售狀況不佳，社長在公司全體的會議上，嚴肅提出全面的經費削減。除了國外進口家具的影響外，大賣場等也都有自家品牌的家具，因此像我們公司這種一般家具店的銷路，可說是艱苦的戰鬥。

清掃生產線的日子越來越多，也就多了很多沒有東西可做的空閒時間。

公司在國內有四個工廠，前些日子決定要關閉北海道的工廠。那裡的虧損比我們工廠還大，雖然是個小規模的工廠，卻是公司的發祥地，不禁讓人有整個背脊發涼的感觸，真是毫不留情啊！

剩下的三個工廠當中，因為我們工廠是唯一的虧損，工廠裡到處都可以聽到種種不安的傳言。前些日子和八木先生一起吃午飯時，他很認真地問我他不會受到影響吧？老實說，這種事我也不會知道，更何況連我自己會怎樣也無從得知。

八木先生似乎很中意這個工廠。

但是我還是無法理解北海道工廠關閉的事情，公司竟然捨棄了這個工廠，實在是個殘酷的判斷。

不只是在那裡工作的員工，他們的家人，還有包含運輸業者、客戶等眾多人的人生，就這麼輕易地被割捨掉。

我為了這件事有點失落，不過因為我是主任，得先做好自己份內的事才行。

## 最困難的判斷

今天是星期三，外面下著雨，從辦公室的窗戶可看到被濛濛細雨籠罩而變模糊的杉木，早上的雨到了中午開始變大。

「咳咳！望月先生，現在方便說話嗎？」

課長叫住了我，好像是很嚴重的事情。因為課長有個習慣，只要是有傷腦筋的事情，在講話以前都會咳一下，所以我知道。

一走進會議室，課長嘆了一口氣，很罕見地先跟我閒聊了一下。

而且還特地為我泡了杯咖啡。

「北海道的事情好像讓大家都很不安。」

課長也很在意吧！

「是的，現在大家都在傳，下一個是不是我們的工廠？」

「是嗎？」

見她咬著下唇，嘆了一口氣。我想課長也無法理解公司的判斷吧！

「課長，這次北海道工廠真的是非關閉不可嗎？從好早以前就開始運作的工廠，不僅有資深的員工，還有相關的製造廠商。」

課長放下咖啡杯，露出慣有嚴肅的表情回答我：「如果是你的話，你會做怎樣的判斷呢？」

「要是我的話會留下來，員工那麼多，再努力一下應該不成問題。」

「再努力一下就沒問題……，這是無可救藥之前最常做的判斷吧！」

「所以就那麼輕易地割捨掉嗎？我可辦不到。」

「這樣嗎？不過望月先生……」

課長一邊看著喝了一半的咖啡杯，一邊對我說。

我猛然回神心想，是不是說了什麼不該說的話。

「往後當你在這間公司晉升的時候，非做不可的就是像這樣的判斷喔！」

「嗯……喔！」

「一旦升到上面的職位，就要做更高度的判斷。而最困難的判斷，就是做『捨棄』的判斷。」

「咦？不是做新的事情的判斷嗎？」

「不是。在做新的事情之前，要做捨棄的判斷。」

捨棄的判斷……那真是讓人討厭的差事。

不知道是不是察覺到我的想法，課長微笑地對我說：「如果沒有人去做捨棄的判斷，那麼就會失去更多重要的東西。可以說是終極的選擇吧！」

的確是終極呢！

## 一定要捨棄些什麼

「那麼，讓我們來談今天的正題好嗎？」

這種預先讓人整理好心情的說話方式，應該不是普通的事情。

到底是什麼事情啊……

「總務課的人員似乎必須削減了，我想聽聽你的意見，因為你比我在這個工廠待更久。」

「真的嗎？多少人？」

「還不知道，不過總公司要我們先擬出名單。」

「也就是說要砍的人的名單嗎？這種事情我辦不到！」

「為什麼辦不到？」

為什麼？總務課一直是五個人，就是因為全部都需要，才會在這裡啊！再說每個人都抱持著理想努力在工作，竟然要割捨掉。

「那個請課長決定，我沒辦法提供那樣的意見。」

「真的可以讓我決定嗎？」

課長身體微微向前傾，眼角露出尖銳的目光。

「因為大家都是必要。岡村小姐是這個工廠的活字典，如果沒有她就不能運轉，而八木先生從總公司剛來不久，他希望能一直留下來；至於夏峰小姐剛進公司，是今後培育的重點人才。」

「雖然你說大家都是必要的，但是按照總務課目前的人員運作下去，工廠本身的營運會吃不消，這樣的判斷也沒關係嗎？」

「我可沒這麼說，沒有人會做出讓工廠關門的判斷。」

「那麼你會選擇減少人數囉？」

我說不出話來！自己簡直就像在超市哭鬧吵著要買東西的小孩。

我只是狡辯不做判斷嗎？自己不做捨棄的判斷，卻什麼都不想失去……不想扛起判斷的責任，這是我的判斷嗎？

「選擇與集中」的技術 14

# 如何捨棄私情拯救更重要的東西

## 私情會干擾判斷

有個語詞叫公事公辦（businesslike），即明確認定是商務，不夾雜私情來做判斷。

在我還是上班族的時代，因為銷售低迷出現赤字，總公司要求一定要轉虧為盈，而且還提出大幅削減人事費的指示。

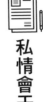

為了讓部屬繼續工作，於是我想出縮短大家工作的時間來壓縮人事費。

然而一一對每個人做了說明後，儘管大家都能夠理解，但是每個人都有自己的生活。單親媽媽、因為先生失業經濟很困難的人、快結婚的人，跟每個人面談之後，發現每個人都有自己的苦衷，結果還是沒辦法如預期的那樣，做出縮短勞動時間的決定。

上司看我這樣為難，便接手這個工作，由上司自己和員工面談，毅然決然將勞動時間給縮短了。

當時我覺得有點殘忍。不過之後因為削減了人事費，部門開始轉虧為盈，大家的勞動時間終於也能慢慢恢復。

無疑是「私情」拖延了我的判斷。所謂的私情是指個人的感情，先前我的同情也是私情。

只要是人一定都會有感情，但是在做重大決定時，這個私情就成了無法做判斷的絆腳石，因此要有捨棄私情的勇氣。

一旦懷有私情，就會錯失判斷的時機，或是誤下感情用事的判斷，結果不論是對方還是整個團隊，就連自己也會失去很多東西。

## 牽扯到自己的利益時……

「捨棄私情」這種說法看起來雖然冷酷，實際在辭典查了「私情」的意思，發現除了個人的感情，還有一個很重要的，那就是「**利己的心**」這個意思。

**一旦牽扯到自己的利益關係時，我們的判斷就容易出錯。**

就好像快遲到的時候，平交道的柵欄放了下來，明明知道不能穿越，還是有人做了穿越的判斷。雖然是個很極端的例子，但也有人因為搭錯急行列車，知道要下的車站不停，於是按下緊急停車鈕而上了新聞。

這些都是因為摻雜私情的判斷所造成的不良結果。

還有發現下屬有不正當行為時，上司裝作沒看到，也是夾雜私情的判斷。有很多人會認為當時做的是最好的判斷，不過那只是短期的判斷，就長期來看，有的會是錯誤的判斷。

所以「私情」也應該要區別是「覺得需要」還是「必要」。

「覺得需要的私情」是利己的心，不想被討厭，也包含同情。

「必要的私情」是顧及全體利益之後，思考為了那個人該怎麼做。

## 迅速冷靜的判斷，以及確切的行動

顧及全體在「公事籃演練」稱為「洞察力」。洞察力不是光從部分的事情來判斷，而是最適合全體的判斷力。這時候要捨棄私情，冷靜看清整體，決定哪個是對全體而言最佳的判斷。當然判斷沒有正確或不正確，但是捨棄私情，可以擴展全體的視野，做出冷靜的判斷。

還有，捨棄私情可以讓判斷更加迅速。

然後再將腦中的判斷確切付諸行動。

判斷跟生鮮的食物一樣，現在不馬上下判斷的話，過了時間就失去了判斷的意義。判斷速度向來很慢的人，若能斬斷私情，就可以迅速下判斷。

## 承認、面對，然後鼓起勇氣丟棄

雖然前面一直提到私情的缺點，但是私情也可以說是設身處地、為對方著想的行動。這些行動在「公事籃演練」被評價為「做人技術」的能力。

因此，我覺得做事的時候要完全不帶私情也是不對的。

在這裡重要的是身為公司的一員，做正確的判斷或是做迅速的判斷時，**要知道暫時捨棄私情的必要**。

就算冷靜的時候知道，但是在做重大判斷或緊急判斷時，這個私情會有很大的影響。在這種時候要捨棄私情，實際上並不是簡單的事情。

因此我認為產生私情並不為過，只是要承認自己有私情，並且提起勇氣作捨棄私情的判斷。

如果擁有捨棄的勇氣，那麼判斷的結果就會改變。

▪
▪
▪

## 推薦的捨棄法

- 想想看自己有怎樣的私情？
- 思考並比較捨棄私情的話會做怎樣的判斷？

▪
▪
▪

## 捨棄的好處

- 能夠迅速下決定。
- 不會因私情下錯誤的判斷。

## CHAPTER15・捨棄想掛保險的心情

# 若不留下退路，會有更大的回收

### ：STORY 15：裁員的風聲

我是八木。

終於被逼入了絕境。

工廠裡傳開要進行裁員的風聲，聽說製造部門要削減一〇%的人員，而間接部門要削減三〇%。

我實在不想回到總公司，雖然想盡了各種辦法，內心還是感到非常不安。

正因為如此，在這個節骨眼絕對不允許業務上的失誤。

今天是假日結束後的星期一，我的行程是出席勞動安全衛生委員會，然後修正員工的考勤，因為是例行業務，所以預計準時下班。

「八木先生。」

課長細細的眉毛略呈倒八字型，叫住了我。

不知道是不是我太敏感，我回答的聲音變得有點緊張不自然。

「啊！」

「剛剛總公司跟我說和勞動工會集會的會議記錄有錯字，而且日期和時間都不對。」

糟了！這真是糟糕，竟然在這時候出差錯！

應該是時間緊迫所以弄錯了，可是這份資料有讓主任確認過。

「啊！主任有幫我確認過，有錯誤嗎？知道了，我馬上修正。」

不知道是不是聽到這句話有了反應，望月先生慌張地跑過來。

「咦？出了什麼差錯嗎？」

我故意露出為難的表情，想把錯誤推給主任。

「嗯！前些日子請主任幫我確認給總公司的工會會議記錄有不妥的地方。」

「咦？哪裡？啊！課長對不起，我會馬上要他修正。」

課長抱著胳臂看著我，然後如刀刃般尖銳的聲音飛過來。

「喂！八木先生，主任的確是確認有誤，但是做記錄的人是你耶！」

不！我可是因為最後的確認說沒問題才發出去的。

「嗯！的確是我，因為或許會發生這樣的錯誤，我有拜託總公司把提出的期限再延後一些。但是他們急著要，我只好趕緊寄過去了。有關這件事情對話的電郵，我都有保管起來。」

課長細長的手指又指向另一張資料。

「那麼這個呢？考勤修正有二個地方有錯誤喔！」

這……啊，真的耶！啊！這剛好是心不在焉的時候沒注意到。糟糕！

## 「保險」一定管用嗎？

「這是我的錯誤。不過幸好有先送給課長檢查看看有沒有錯誤。」

「你在說什麼？這可是你的錯誤耶！即使別人幫你檢查，你犯的錯誤也不會因此而消失。」

「或許真的是我的錯，但是確認的人難道沒有責任嗎？」

「那叫推卸責任！還有最近不論是什麼大不了的工作全用 CC 副本傳送給我，意思是說我有先讓課長看過的意思嗎？」

難道不是這樣嗎？反正只要把電郵寄給誰，要是出錯的話就能幫忙分散責任。因此就算只是一件小事情，自己的工作一定會傳送給課長和主任，意思是請他們幫忙確認。

雖然我努力辯解，但是到了最後，自己在說什麼自己都不清楚了。

「聽好！八木先生，跟我報告很好，但是報告和保險可不一樣。」

「保險？」

「保險是即使失敗，也能減少傷害的工作方式。之後對自己有利的報告是保險的想法，如果不把這個想法捨棄的話，工作的品質永遠不會變好。把你那什麼事情都副本給我的工作方式改一改吧！」

什麼保險？不過，失敗時將傷害分散給別人，確實是保險也說不定。

「選擇和集中」的技術 15

# 拚上全力，不要害怕失敗

## 那是缺乏身為當事者的意識

大家有買保險嗎？

特別是常常出差的我，租車時會買租車險，出國的時候也會買旅遊平安險。信用卡本身好像也附帶保險的機能，加總起來，我們的生活可以說是被相當多的保險守護著。

不管是誰，都不會想要發生事故，但是汽車保險可以在萬一發生事故時，在自己的力量無法保證的範圍守護我們。

工作也是一樣。如果在自己的責任範圍有可能無法應付時，會事先取得上司的確認，或是跟上司商量之後再進行工作。

反之，在自己的責任範圍內，萬一有事情發生，可以變成別人責任的想法一定要捨棄。就算是買保險，那也只是讓自己心安，把責任讓別人分擔。這在商務世界裡是行不通的，反而會被認為是推卸責任而降低自己的評價。

暫且先把話說好，為了慎重起見做確認，這在「公事籃演練」被評價為共有情報的「組織活用力」和確認的「問題分析力」。但是為了萬一失敗而報告，或是為了保護自己而報告的話，那就是保身的報告，也就是「覺得需要的報告」，可說是缺乏身為當事者的意識。

## 比拼命去做更重要的事

丟掉保險雖然很危險，但是在商務上，有冒險才有成功的報酬。若是沒有危險而且確實能夠成功的事業，那麼就不需要負責的人。

重要的是，失敗時預測會發生多少的損害，考慮自己是否能夠負起這個責任。如果是在自己責任的範圍之內，就要積極去負責任。

如果有時間和精力去掛保險的話，就應該傾注全力不要失敗，這才是真正「必要的保險」。也就是在自己身上掛保險，不要依賴別人，因此要把力量集中在避免失敗上。

我要說的並不是失敗的話一定要負責任，而是即使做了最佳的判斷仍然失敗的話，那不就是自己能夠負責的工作嗎？

## 確實提升成功率

沒有掛保險的挑戰心，就旁人來看也知道。

例如看書的時候應該會發現。

「據說○○（請讀者自行確認）」，有些書會有這種掛上保險的寫法。

站在讀者的立場，我不會讀這樣的書。或許也有不對的可能，必須請讀者自行確認，但是像這種意思曖昧的書，我認為根本得不到什麼收穫。

總之，**把保險丟掉，自己的意思就更容易傳達給對方**。

反之，掛上保險曖昧的語詞，便很難將自己的意思傳達給對方。

會想要掛上保險是因為沒有自信。**掛上保險或許可以減輕對失敗的恐懼，但**

**也的確會降低成功的機率。**

如果要用自身的力量獲取成功，就該恪盡自己的職責，並將力量集中在負責的行動上。

■

■

■

**推薦的捨棄法**

● 要認定沒有人會替你確認。

● 思考那個報告是為了誰的報告。

■

■

■

**捨棄的好處**

● 減少失誤。

● 能夠得到花在掛保險上多餘的時間與勞力。

# CHAPTER16．捨棄過去成功的體驗

# 捨棄過去，才能獲得下一個成功

## ：STORY 16：不是普通人

我是廠長山本。這幾天，我都睡不著。

總公司人員裁減的報告期限逼近，工廠的員工甚至有人直接跑來找我商量。

雖然總公司說得很簡單，但是人員裁減並不是那麼簡單的事情。

只是看到北海道工廠關閉，我感覺公司這次是來真的。

在過去幾年也同樣有裁員，但是那些都是一時性的裁員，我想我的工作就是不要被這種一時性的裁員波及，盡量和總公司交涉。

總務課的高杉課長嗎？她真的不是個普通人啊！

她不僅把我保留下來的員工停車場解約，還停止給地方團體的贊助，甚至連工廠的交際費都給刪除了。

如果縮減得太過分的話，真正得割捨時，反而沒有可以割捨的東西，因此我一度反對，但還是無法講贏她。因為所有的批判都是由她來扛，說到幫助還真的是有幫助。

她更進一步還提出要削減四〇%總務課的人事費。

我曾想過這傢伙是不是有了成果就會回總公司，所以可以不顧前後的任意割捨，但似乎不是這樣。

因為昨天製造部的老員工跟我說要辭職的時候，她有盡力挽留。如果真的想削除經費的話，照理說應該是很歡迎辭職的，實在是讓人費解。

## 用這個方法克服難關

喔！一想到費解，那位令人費解的課長來了。

「打擾了。」

「喔！來囉！」

「是的，這是調職者的名單。」她沒帶絲毫猶豫把蓋上「祕」字的資料遞給我。

「嗯……喔！這是什麼？妳在想什麼啊？」

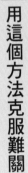

什麼嘛！這女的到底在想什麼呀！

「按照這個對策，製造部大致留下，只要削減間接部門和其他的經費，就能轉虧為盈。如果是這個數字的話，我想總公司就不會把我們工廠關閉。」

「話雖這麼說，但是也不必做到這個地步啊！聽好，高杉課長，現在就好，只要形式上熬得過去就好，把紙上的數字湊合一下發出去吧！」

「這麼做有什麼用呢？」

「有什麼用？聽好，訂單減少只是一時性的，馬上就會有新產品上市，訂單就會增加。這麼一來，就沒有必要割捨到那個地步。」

高杉課長把紅色手帳放在自己的腿上，並將手放在上面說：「廠長，我也希望能那樣。但是那只不過是期待，不是嗎？」

「什麼，期待？那可不一樣。到目前為止，我都是如此守護這個工廠。」

「成功的體驗嗎？」

「沒錯！這是我的經驗談，所以我認為不必做到這個地步。」

雖然我看得出自己很拚命在拉攏高杉課長，但是這女的竟然這麼說：「真的是那個經驗克服難關的嗎？如果現在不做判斷，一定會失去很重大的東西。」

這女的知道什麼，失去工廠嗎？到目前為止，我都是用這個方法渡過難關。

我把視線朝向窗外說：「沒問題，別擔心！」結果高杉說話了。

「我想廠長的成功體驗這回行不通了，外面的環境完全不一樣了，總公司這次可是認真的。」

這傢伙到底懂什麼！我無言地望著窗外，高杉停了一會兒又說：「我……我不想再失去任何東西了。」

高杉的眼睛似乎泛著淚光。是不高興吧！

我才不會被妳騙！這個工廠、員工，還有這個立場都是由我守護而來的，全部都是我的！

「高杉，好了。這張紙我先收下來，最後要怎樣由我這個廠長來判斷。」

高杉雖然說得有條有理，但是我一句也聽不進去。

景氣會馬上變好，按照以往的經驗，只要把紙上的數字湊合一下，推拖過去就可以了。如果這樣也不行的話，我再籌辦跟董事的會議就可以了。到目前為止我都是這麼做的。

「真囉嗦！妳是總務課長耶！這件是由我來做最後的判斷，妳下去吧！」

我像是趕野狗似的把那傢伙從房間趕出去，只不過是個課長，擺那什麼架子！

高杉「砰！」的一聲站起來便離開廠長室，很少見她這麼激動。

「選擇和集中」的技術 16

# 持續新挑戰的好處

## 成功的體驗如何引導下次的成功？

經驗能夠提高成功的機率。

就「公事籃演練」的觀點，比起學習理論和知識，會把重點放在實際模擬體驗當做經驗來學習，我認為經驗是最好的學習。反之，經驗也會成為失敗的原因。

我常常問人，事業成功的祕訣是什麼？有人回答「三K」，即「經驗」、「直覺」、「精神集中力」（編註：這三個語詞的日語發音，字首子音皆為K）。的確，我想這也是一個要因，不過因為需要強大的力量，也有可能成為失敗的要因。

特別是過度拘泥過去的經驗，不僅會妨礙新的挑戰，過度的自信也會成為失敗的原因。

我認為管理、經營、商務上需要某些程度的成功體驗。例如在談生意的時候，要向對方提出怎樣的提案才好？根據過去成功的體驗來準備提案，可提高成功的機率。但是實際上獲得成果的人，並非全部都是根據成功的體驗，還會加入其他過程。

那就是不要被過去的成功體驗牽絆，在驗證成功體驗之後，再予以應用的過程。

## 原封不動套用上去也未必適用

能將過去的體驗或經驗清除，回到白紙狀態思考的能力，在「公事籃演練」上稱為「創造力」。

為什麼這樣的能力會受到肯定，那是因為環繞在我們周邊的環境經常會發生重大的變化，如果要把過去成功的體驗完全套用上去，有很多地方是不管用的。

比方我剛開始要出書時，曾研究過去暢銷的書籍。

我曾請教編輯，根據過去的成功體驗，據說商業書籍不要寫成故事（小說）

的型態會賣得比較好。但是我認為就「公事籃演練」的性質來說，必須盡量讓讀者徹底成為主角，於是在書裡放進了故事。

結果託大家的福，很快就成為銷售超過十萬本的暢銷書。但是第二本雖然以同樣的形式來做，銷售的數量卻沒有預期來得好。

總而言之，很多時候將成功體驗原封不動套用上去未必通用，那是因為無法驗證那個成功體驗是否真的是成功的要因。很多時候是後來附加上去，或是主觀自以為是的「覺得需要的成功體驗」。

因此把成功體驗當做一個選項看待，這就是「必要的成功體驗」。

要捨棄因「覺得需要的成功體驗」所產生的妄想，不要被過去的成功體驗牽絆；此外該怎麼做才會成功，如何更進一步提高成功的機率，把力量集中在這上面才對。

## 持續挑戰，增加選項

因此提出複數以上的對策方案非常重要。

對策方案不能欠缺的關鍵，就是**比較複數的對策並進而檢討**。比較可以提高成功的機率，這會比根據一個願望的成功體驗所產生的妄想會有更多效果。

若拘泥在一個成功的體驗，其他成功的體驗就不會增加，**嘗試新的挑戰不僅能夠增加成功體驗，自己本身日後的選項也會擴大**。

如果要說「公事籃演練」式成功的重大要素是什麼，那就是「到達判斷之間的過程」和「擁有眾多選項然後按照狀況分別使用的能力」。

為了獲得其他選項，**有時候也有必要捨去成功的體驗**。

・・・

**推薦的捨棄法**

● 思考有沒有和過去的成功體驗不同的成功方法。

・・・

**捨棄的好處**

● 能夠獲取新的選項，提高成功的機率。

# CHAPTER17．捨棄背負的重擔

# 讓我們輕鬆實現夢想

## ：STORY 17：廠長的更替

我是望月。

昨天工廠的員工突然全體被集合到會議室，我在想是不是工廠正式決定要關閉，但結果不是。

原來是廠長的更替。

山本廠長自願離職，後任竟然是由高杉課長接任。

還有因為公司的命令，由我接任總務課課長。

而總務課的成員也有變動。

八木先生調到製造課，好像是權衡了業務內容和工作地點之下，他選擇了工作地點，而且已經換上工作服在做機器維修的工作，似乎是因為和廠長一起工作而發現了生活的意義。

總務課現在由我和夏峰小姐以及岡村小姐來營運，高杉新廠長暫時也會支援我們。

剛剛拿資料到廠長室時，山本廠長正在整理私人物品，他小心翼翼地把獎狀、高爾夫球比賽的獎盃和中意的鋼筆筆架等，打包裝進紙箱。

「搞不好以後用得到。」

他輕聲地跟我嘟囔了一下。

廠長自願離職完全是騙人的。

實際上是董事們勸山本廠長辭職的，因為我知道廠長在總公司決定這間工廠未來的會議時所發生的事情。

廠長提出的計畫書沒有被總公司接受，卻通過高杉課長提出的計畫。然後廠長在會議結束後，被董事宣告：「這裡已經沒有你的位子了，如果有的話就只剩站著的工作。」

廠長連說了好幾次：「中了高杉的圈套。」

我也很同情廠長，雖說是工作，再怎麼樣這種作法實在太過分了。

公司也是，這麼輕而易舉地就把工作將近三十年的廠長裁減掉，實在是無法原諒。

廠長有個兒子正在讀高中，聽說今年要準備考試。年過五十要再找工作的話，應該很難吧！真的很希望公司考慮這些問題之後再做判斷。

## 若不割捨就無法守護

我把自己的想法告訴高杉新廠長，如果她不說出原因，我想我大概也會做不下去。

「每件事情沒有辦法都做到面面俱到。」

高杉廠長這麼跟我說。有別一往的笑容，她一臉無奈好像背負著什麼的表情。

「或許我做的事情很冷酷，但是如果不割捨什麼，就沒辦法守護什麼。」

這個我不懂，難到沒有讓大家都幸福的方法嗎？

「你看得到自己背負的包袱嗎？我看得到。提起勇氣把肩負的包袱丟掉吧！如果不這樣的話，會無法守護真正重要的東西……不！應該說是被奪走。」

如果不捨棄肩負的包袱，重要的東西會被奪走。

所以割捨掉嗎？不！不是這樣，大家都守護得到才對。

看我一臉無法理解的表情，高杉廠長一邊微笑一邊說：「你背負的東西太多了，好好看看你背負的東西也很重要喔！」

然後她噗哧笑了一聲說：

「和我以前一模一樣呢！」

背著東西？

背著什麼東西呢？

的確是很沉重，新課長這個工作，對公司日後的不安，把八木先生調到製造課是我的判斷，他的將來……還有對自己本身的不安也很沉重。要守護的東西是不是太多了？

一想到以後會更沉重，更讓我裹足不前。

「選擇與集中」的技術17

# 我們為了什麼而活著？

## 為什麼失去了夢想？

有很多人把人生比喻成旅行，而旅行的奧義是什麼呢？

包含出差，每年我都會到某些地方旅行，從中獲得的奧義就是「輕便」。

剛開始旅行的時候，我會把行李箱塞得滿滿的。

旅行時或許會看的書、電器、上衣、暖暖包，就連毛巾也硬是塞進去，行李常常重到讓人腰痠背痛。

出差時如果時間抓得好的話，有空閒我會想要繞繞博物館、公園和史蹟，無奈行李太多總是無法成行。對！就是行李太重，我覺得因為行李的關係而放棄實在太可惜了。

甚至有時候會覺得是為了搬行李而移動。

人生的旅途中有很多要背負的東西，前面所提到的人際關係、情報、立場、框架結構，以及職位越高所背負的責任越重，該守護的下屬與家人也會增加。

有人會把這些當做資源發揮力量，我自己也因為背著截稿日期的負擔，將力量集中在寫稿上。

反之，也有很多人因為肩負太多包袱，而放棄自己本來想做的事情、夢想和自己對未來的展望。

失去到手的東西，是不是比失去尚未到手的東西感覺加倍深刻？但只要不改變，無疑兩者皆會失去。

對我來說明明就在眼前，卻沒抓到而失去的東西遺憾會更大。

## 放下負擔朝目標前進

人能夠背負的東西有限。明明知道這個道理，卻拚命把東西往肩上扛的人也會來我這裡，然後希望我教他們如何背負更多東西的方法。

現在你背負的東西當中，有很多是可以捨棄的。

對於未來的不安、被別人攻擊的妄想、失敗的風險……等等，其中很多是「覺得需要的負擔」，如果有這些感覺的話，就會產生無窮盡盤旋在腦中的疑惑。

試著看一看自己背負的東西，然後該捨棄的東西就丟掉吧！

你該傾注全力的，不是背負很多的東西，而是朝向自己的目標前進。人不是為了背負的東西而活的。

捨棄「覺得需要的負擔」，讓身體變得輕鬆就有收穫。或許那是到目前為止你無法得到的自由，也說不定是夢想。或許也有可能是明明就在眼前卻沒有察覺到的美麗花朵或人情的溫暖，這些都是有負擔時看不到的東西。

那麼就放下負擔，朝你真正要走的道路前進吧！

### 推薦的捨棄法

- 把扛在肩上的負擔列出名單來。
- 可以的話用鉛筆寫，然後用橡皮擦擦掉。

### 捨棄的好處

- 擴展你的可能性。

EPILOGUE

# 不捨棄的話就會被奪走

## 我想永遠和媽媽在一起

週日午後的公園。晴空萬里，天空沒有一片雲朵。

高杉坐在公園的長凳上，她穿著淺粉色質地、帶有直條的連身洋裝，上面還套了件白色針織上衣，而不是平常的套裝。

旁邊有三個家庭鋪著野餐墊，高杉眼前有個戴著白色帽子的少年，正在跟他父親在練習投接球，高杉好像在看電視一樣看著他們。

「媽媽！媽媽！」

高杉從長板凳彈起似地站了起來。

長板凳旁邊公園的入口處，停了一輛白色轎車，有個穿著紅色連身洋裝、綁著馬尾的小女孩，一下車就飛奔投入高杉的懷抱。

「綾香有乖乖聽話嗎？」

高杉在少女的臉和肩膀之間，用臉磨蹭了好幾次。

高杉把臉朝向白色轎車的駕駛座看，一個穿著深藍色西裝外套、戴著淺黑色太陽眼鏡的男人也往這邊看。

「綾香，這是爸爸買給妳的嗎？」

高杉問綾香。

「嗯！這個是爸爸買給我的生日禮物。媽媽買的，我也很珍惜喔！妳看！」

綾香拉起胸前的鍊子，把心型的墜子亮出來給高杉看。

「謝謝綾香，媽媽真的好高興喔！」

高杉發出沙啞的聲音，用上面有兔子圖案的手帕押著眼睛。

綾香很擔心似的抬頭說：「媽媽，我們不是說好不哭的嗎？不可以哭！綾香送給妳的兔子手帕會濕掉喔！」

「對不起，我們約好不哭的。對不起，綾香！」

綾香看到高杉哽咽起來，也忍不住開始放聲大哭。

「媽媽，雖然爸爸告訴我不可以說，但是我好想永遠和媽媽在一起，為什麼不能在一起呢？」

「綾香……對不起，是媽媽不好。」

「我的朋友小海問我，為什麼綾香沒有媽媽。」

「嗚嗚……對不起！對不起！」

「妳不是說馬上就會回來？什麼時候爸爸、媽媽和綾香才能在一起生活呢？什麼時候嘛？」

高杉緊緊抱著綾香，哽咽地說不出話來。

兩個人簡直就像貼在一起，緊緊地抱著。

## 對不起，綾香

「綾香，媽媽都哭了，不可以讓媽媽為難喔！」

右側傳出男人的聲音。

綾香從高杉的懷裡探出頭來，朝向聲音的方向。

「綾香才沒有為難媽媽呢！媽媽，媽媽……」

綾香扭曲著臉放聲哭了出來。

男人把綾香從高杉那裡拉開，抱了起來。

「今天就到此為止吧！再下去綾香會很可憐。」

「不要！綾香還想和媽媽在一起。」

綾香使勁蹬著腳，上面鑲有方格花紋蝴蝶結的一隻鞋子，無聲地掉落在地面。

高杉把那隻非常輕盈的鞋子輕輕套回綾香的小腳上。

「這鞋子綾香穿起來還是有點大耶！」

高杉站起來看著綾香一邊說，一邊用小指頭把綾香因為眼淚黏在臉上的頭髮輕輕撥開。綾香停止了哭泣，開始打起嗝。

「綾香，對不起。媽媽不小心哭出來，下次不會再哭了。」

高杉動也不動地凝視著綾香的臉。

「綾香，跟爸爸回家吧！」

「不要！不要！媽媽也一起回家，媽媽一起回家啦！」

「對不起，綾香。」

男人抱著綾香，向車子走去。

高杉追了幾步，綾香從男人身邊使勁伸出手，對著高杉叫喊。

高杉一邊揮著手，一邊看著綾香流著眼淚被帶到車上，並繫上安全帶。然後目送直到車子發動，手一直貼著玻璃哭泣的孩子。

車子緩緩發動之後，便逐漸消失在行道樹當中。

瞬間高杉好像熄火般，倒坐在公園的長板凳上，並用兔子圖案的手帕掩著臉哭泣，旁邊的人隔開一點距離，從高杉面前通過。

過了一會兒，高杉察覺到有什麼東西走過來，原來是一條野狗，垂著茶色耳朵的狗。高杉帶來的野餐包裡有三明治和綾香喜歡的炸雞，那條狗一直在嗅著裡面的味道。

高杉低著頭一邊望著狗，一邊從便當盒裡拿出一塊炸雞，放在手掌上餵狗吃。茶色耳朵的狗很快就吃完，並舔著高杉手掌上殘留的味道。

## 要守護「全部」，反而失去的東西

「課長，不，廠長！」

高杉好像被電到似地嚇了一跳，朝向聲音的方向。

穿著慢跑服的望月站在那裡。

高杉趕緊用手帕擦拭著還濕潤的眼角。

「廠長，不好意思，不小心……」

望月低下頭。

高杉微微低著頭，向左右搖晃說：

「唉……在公園哭著那麼大聲，一定很醒目吧！」

說著說著往旁邊挪了一下，空出一旁的座位。

「我可以坐下來嗎？」

望月往長椅一旁坐了下來。

「是您的小孩嗎？」

「嗯！剛剛那是我女兒，現在由我先生在照顧。」

「這樣子啊？」

望月望著長板凳前的地面說道。

「差不多半年了吧！一個月只能見一次面。」

「剛才就是吧！」

「都是我的錯。說我拋棄了女兒也不為過。」

「不會吧！看起來不像。」

「每天一大早搭頭班車出門，回家不是最後一班車就是計程車，結果不僅精神透支，連身體都搞壞了，而且還離不開酒。這種母親跟拋棄小孩的母親沒什麼兩樣。」

面對高杉勉強擠出寂寞的微笑，望月感到有些不捨。

「在一年前的聖誕夜，跟社長做企畫簡報的前一天，晚上八點多女兒突然傳簡訊給我，說她身體很燙，很不舒服。」

「咦？沒有問題吧？」

「但是我回給她的是這個。」

高杉拿出自己的手機，把簡訊的畫面讓我看，上面寫著大約三行的字。

「綾香，對不起，媽媽的工作還要花點時間。不過我會盡快趕回家，等我一下喔！媽媽。」

望月看了簡訊之後，整個臉沉了下來，但是看到兩手掩住臉的高杉，還是把話給吞了下去。

「我很糟糕吧！結果幾個小時之後，醫院打電話給我，是我先生在出差的地方打電話叫救護車。」

「幸好……」

「不過，看著吊點滴的綾香，還有她額頭上冒出來的汗珠，我終於了解什麼才重要。」

「是這樣啊！」

「綾香那時候一邊有氣無力地笑，一邊跟我說：『媽媽，妳怎麼那麼晚才來。』」

望月忍不住從眼睛泛出淚水。

高杉拿手帕擦乾眼淚，語重心長地說：「要守護全部，我太渺小，我還沒有偉大到可以守護全部的地步。那時候我才知道，如果不捨棄些什麼的話，就會失去自己很重要的東西。」

「課長……不，廠長，可以請教一下嗎？」

「什麼事？」

「提交給上任廠長的企畫裡，您的辭職信也一起放在裡面這件事是真的嗎？您是不是打算自己辭職來削減經費？」

高杉閉起眼睛，想甩開淚水似地說：「可是被退回了。」

「您為什麼要這麼做？」

「因為我感覺到好像快要失去重要的東西了。」

「什麼東西，感覺要失去什麼東西啊？」

高杉把視線移向天空飄浮的雲朵。

「我不知道，要在失去之後才會知道……所以一定要在被奪取之前，先做割捨才行！」

「喔！不做割捨的話就會被奪取……」

「是的，不做割捨的話可是會被奪走的喔！不，應該說是不集中在什麼上面，就會全部被奪走。」

之後二人沉默不語，只是望著眼前持續投球接球的父子。

週日午後的公園，二人如畫般靜靜地坐著，宛如就要與周遭閒適的風景同化。

# 第3部

# 「集中」才能「發揮」

## 01 「多出來」的時間和力量該如何使用？

### 即使多出來也很快就會蒸發掉

到目前為止，雖然焦點一直是放在捨棄這個行動上，實際上我想告訴大家的並不是捨棄有多麼重要，**而是希望大家能夠察覺因為捨棄所產生的東西**。

我想「捨棄」這個判斷，是所有判斷中最困難的判斷。說成決斷也是可以的。困難的判斷雖伴隨著風險，但是也可以得到很大的收穫，**那就是因捨棄多出來的時間與力量**。

例如我不寫我想寫的書，也就是說放棄某本書的企畫。

如果就數量來表示的話，大約可以多出打八萬個字的力氣。打字需要時間，也需要力氣，如果把這個時間和力氣集中在別的企畫上，或許會做出更好的書也說不定。

寫書的目的是為了讓讀者透過這本書而有所察覺。藉由集中，與其寫二本讓讀者察覺很淺的書，還不如寫一本讓讀者有深刻察覺的書會比較有成果。

像這樣把多出來的力量集中起來雖是理想，但是要實現起來卻頗有難度，因為多出來的力量很快就會分散蒸發掉。

就好像幫加班的下屬分析他的工作，找出不做也可以的工作並割捨，雖然可以一時減少加班的時間，但是慢慢地加班的時間又會多了起來。

我接過很多次像這樣的協商。

## 防止蒸發唯一的方法

多出來的時間如果不集中在什麼上面，很快就會分散蒸發掉。為了避免這樣的情形發生，必須把力量集中起來才行。如果已經捨棄了什麼，卻沒有多出來的時間與精力，那麼一定是分散或蒸發哪裡去了。

防止分散與蒸發只有一個方法，**那就是訂定計畫**。

首先決定好要集中的事情，然後把事情編入計畫，不然空隙很快就會被其他雜事填滿。

例如捨棄沒意義的交際，多出來的時間若想用來充實自己，參加語言學習補習班，那麼在捨棄之前就先約好補習班的課程，不然刻意空出來的時間與精力，很快就會開始分散。

# 02 集中在「對的地方」了嗎？

## 是「覺得需要」還是「必要」？

這是我在超市工作進行門市指導時發生的事。

賣場正在進行準備情人節布置，各家門市相競布置著賣場，某家店的負責人把精力集中在賣場的布置上，他特別在意的是背景音樂。獨創的音樂編製花費了不少的心血，同時在裝飾方面也花費了不少力氣，但是他卻疏忽了真正重要的商品陳列。

**總而言之，就是把力氣集中在錯誤的地方。**

再怎麼傾注全力，如果是無法提升成果的地方也沒有意義。能夠提升成果的部分和無法提升成果的部分，不同之處就是「覺得需要」還是「必要」。

要分辨集中的地方是「覺得需要」還是「必要」，最重要的是定量的思考。集中在那上面會有怎樣的利益？或是影響的範圍會有多大？如果能夠如此客觀地考量，那麼就可以發現該集中的地方。

例如前面提到的情人節賣場，如果不強調商品陳列或是銷售的商品，就無法提升銷售額。另外，也不會因為沒有背景音樂，商品就賣不出去。總之，該集中在哪裡、能夠提升多少銷售額，用這個尺度去衡量是很重要的。

實際上，判斷該集中的地方比捨棄更加重要。

## 將你的力量朝向未來

「公事籃演練」矩陣中的「B象限」，是可以提升成果的工作。

B象限意指「**雖然沒有設定期限，但為本來該做的重要事項**」。雖然會因業界、職位、年齡若干有所不同，一般來說下面的工作就是這樣的工作。

## 優先實行順位矩陣

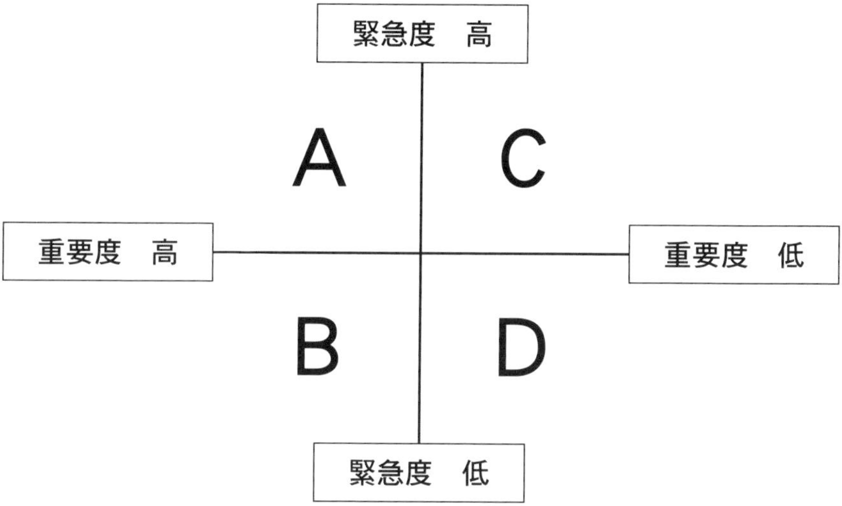


- 培育人才
- 保養維修
- 建立有益的人際關係
- 制定戰略
- 制定計畫
- 給自己的投資
- 處理預計的風險
- 構思……等

從這些行動來看，是否發現了和你以往集中的事項有什麼決定性的差異嗎？

那就是「集中未來」。

請看看你周圍優秀或是值得尊敬的人，我想應該可以發現他們都是集中在未來的行動上。

也就是說，把「無意義的交際」改變成「能夠成為未來資源的人際關係」，把「失敗的後悔」改成「今後的計畫」，還有把「現在眼前的工作」改成「長期戰略的工作」。

## 該集中的是「未來」

因此，把扛負的多餘包袱捨棄吧！然後將多出來的力量集中在未來，這樣就能夠迎接幸福的未來。

03

# 戰略人生設計的建言

## 「戰略性的人」與「戰術性的人」

最後要不要寫這個詞，我著實猶豫了一會兒。

因為有很多人對「戰略」這個語詞很敏感或有誤解。

因為很難，或許很容易被認為是一部分人才使用的語詞。

但是，如果要把人分成二種類型，我想可以分成「戰略性的人」和「戰術性的人」。

如果要把戰略詳細的說明寫下來，就足足可以寫成一本書，所以我在這裡用簡單的一句話來說明，那就是**戰略性的人是「能夠編寫目的和達成該目的腳本的人」，而戰術性的人是「執行的人」**。

總而言之，戰略性的人就是能夠自己訂定未來的目標，並決定到達目標的路程，來獲得碩大的成果，並站在比其他人更優勢的立場。

例如，將來的夢想是開一家自己很喜歡的摩托車店，那麼把這個訂為目標，並考慮如果要實行這個目標該訂定怎樣的計畫，並確切實行，像這樣完成其他人無法完成的事情，就是**戰略的人生**。

反之，戰術的人生就是被眼前的工作追著跑，扛負很多包袱，過著過一天算一天的生活，到最後只能後悔或檢討的人生。

## 「選擇和集中」實現夢想與幸福

戰略家和戰術家最大的不同只有一個，那就是能不能「取捨、選擇和集中」。

總之，就是**能不能做到捨棄該捨棄的部分並集中力量而已**。

雖然想要守護全部的意志非常了不起，我也想做到這個地步，但是這也有失去所有的風險或被奪取的可能性。因此如果要實現你的夢想和幸福，「選擇」和「集中」是必要的。

我想大家讀了這本書之後，多多少少會減少一些負擔，不過扛負的東西應該還是不少，希望大家能夠提起勇氣正視自己背負的東西，然後提起捨棄的勇氣，更加愛護自己。

後序

# 絕對不可以捨棄的東西

這本書從頭到尾都提到該捨棄的東西，以及集中藉由捨棄所產生的力量。

和本書讀者一起，我自己本身也丟棄了很多背負的東西。

我把以往喜歡的工作割捨出來交給下屬，並捨棄必須改變所有學員的願望，集中在應該改變的學員身上。一大堆想讀的書，也分成了「必要的書」和「覺得需要的書」來做取捨。

因為藉由捨棄能夠客觀面對捨棄的東西，所以會有所得，過去肩負的東西，可說是過往自己走過的歷史。

反之，我不會因為捨去又想重新拿回來，如果冷靜思考的話，那只不過是對自己本身過去的願望，而非現在必要的東西。

如果你有機會客觀審視丟棄的東西，一定要好好的仔細觀察，如此一來就可以知道過往的歷程。

最後還有一個想讓大家知道的。

那就是有「不可丟棄的東西」。

有個朋友放棄了談論夢想。

我很喜歡他談論夢想時充滿熱情的話語，但是不知從什麼時候開始，他不再談論夢想，談的只是對公司的批判、收入、年金等背負的東西。

很可惜的是，從那時起我就沒再和他見面了。

難道是背負的東西把少年時代的夢想和憧憬給奪走了？還是自己不勝負荷給丟棄了？

我找不到定論。

演講時，我常常會被二十幾歲的人問：「夢想是什麼？」

我會明確告訴大家我的夢想。然後反問：「你的夢想是什麼？」結果很讓我吃驚的是，很多人都回答「還沒有」，我想他們現在應該是把力量集中在尋找夢想吧！

# 不能丟棄的東西就是自己本身

我想在告訴大家該丟棄的東西與不該丟棄的東西之後，就此擱筆。

最後在這裡跟本書出版發行時給我很多建議與指導、大和出版的佐藤先生，以及相關人士深深表示謝意，也衷心感謝一直支持我的讀者。

謝謝大家閱讀本書。

衷心希望這本書能幫助大家卸下身負的包袱，這將是我最大的榮幸。

鳥原隆志

**Money 02**

# 80％的工作其實不用做——

## 拋棄多餘的「想像」，把精力集中在真正重要的二〇％工作上，事情自然會變好！

仕事は8割捨てていい——インバスケット式「選択と集中」の技術

作者　鳥原隆志
譯者　林潔珏
企畫選書　張維君
責任編輯　梁育慈
特約編輯　許典春
裝幀設計　萬勝安
內頁排版　簡單瑛設

總編輯　張維君
行銷主任　康耿銘
執行編輯　陳和玉

社長　郭重興
發行人暨出版總監　曾大福
出版　光現出版
網址　http://bookrep.com.tw
電子信箱　service@bookrep.com.tw

發行　遠足文化事業股份有限公司
地址　231新北市新店區民權路108-2號9樓
電話　(02) 2218-1417
傳真　(02) 2218-8057
客服專線　0800-221-029
法律顧問　華洋國際專利商標事務所／蘇文生律師
印刷　成陽印刷股份有限公司
初版　2018年3月15日
定價　300元

Printed in Taiwan

MONEY HAS NO SMELL

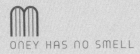

ONEY HAS NO SMELL

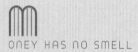